国外油气勘探开发新进展丛书
GUOWAIYOUQIKANTANKAIFAXINJINZHANCONGSHU

The Imperial College Lectures In Petroleum Engineering

AN INTRODUCTION TO PETROLEUM GEOSCIENCE

石油地质概论

【英】Micheal Ala 著

周川闽 丁立华 成大伟 张志杰 宋金民 译

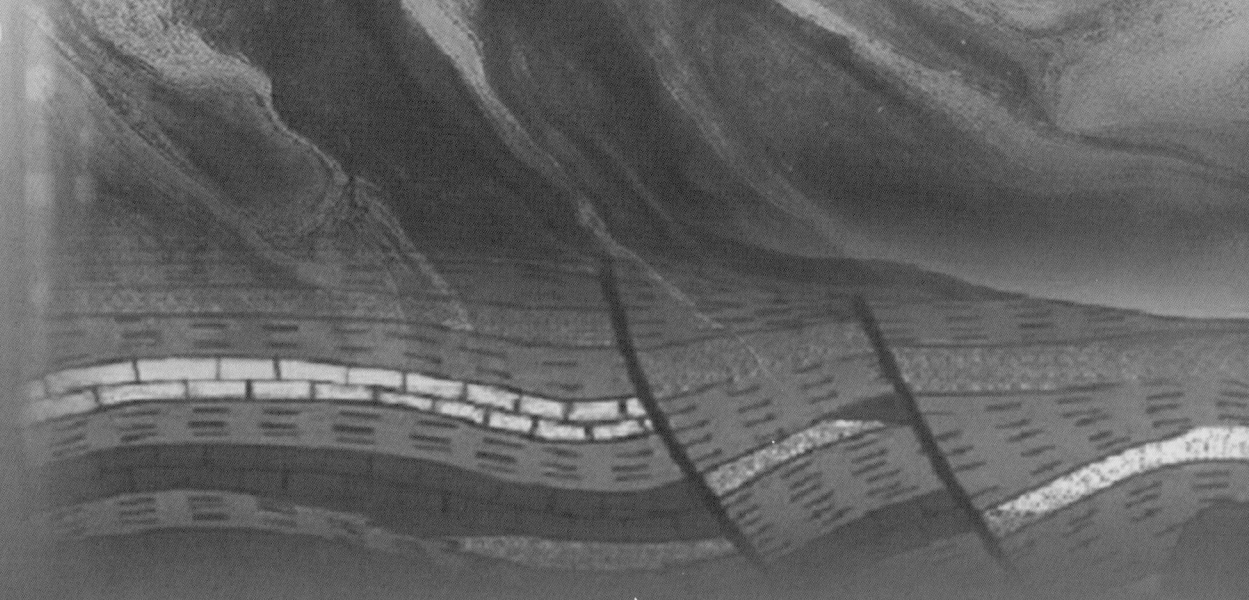

石油工业出版社

内 容 提 要

本书全面阐述了地球科学的基础理论，并分析其对全球油气资源分布的控制，重点介绍与石油工业上游油气勘探和生产相关的勘探原理、技术和术语。核心主题包括油气生成和成藏（含油气系统）的要素与过程；适用于石油和天然气勘探的地质与地球物理技术；石油的特征及化学组分；地表和地下图件及其在油气勘探与生产中的应用；测井技术及其在岩性和流体解释中的应用；资源和储量的定义与分类；常规和非常规油气储量，包括常规油气在全球的分布和资源潜力，以及非常规油气储量的评估和全球分布。

本书可供油气田开发地质、油藏工程从业人员及相关专业师生参考阅读。

图书在版编目（CIP）数据

石油地质概论/（英）迈克尔·阿拉（Michael Ala）著；周川闽等译.—北京：石油工业出版社，2020.8
（国外油气勘探开发新进展丛书；二十）
书名原文：An Introduction to Petroleum Geoscience
ISBN 978-7-5183-4071-2

Ⅰ.石… Ⅱ.①迈… ②周… Ⅲ.①石油天然气地质—概论 Ⅳ.①P618.130.2

中国版本图书馆 CIP 数据核字（2020）第 102708 号

The Imperial College Lectures in Petroleum Engineering
Volume 1: An Introduction to Petroleum Geoscience
by Michael Ala
ISBN: 978-1-78634-206-5

Copyright© 2017 by World Scientific Publishing Europe Ltd.
All rights reserved. This book, or parts thereof, may not be reproduced in any form or by any means, electronic or mechanical, including photocopying, recording or any information storage and retrieval system now known or to be invented, without written permission from the Publisher.

Simplified Chinese translation arranged with World Scientific Publishing Europe Ltd.

本书经 World Scientific Publishing Europe Ltd. 授权石油工业出版社有限公司翻译出版。版权所有，侵权必究。

北京市版权局著作权合同登记号：01-2020-4576

出版发行：石油工业出版社
　　　　　（北京安定门外安华里2区1号　100011）
　　　网　　址：www.petropub.com
　　　编辑部：（010）64523707
　　　图书营销中心：（010）64523633
经　　销：全国新华书店
印　　刷：北京中石油彩色印刷有限责任公司

2020年8月第1版　2020年8月第1次印刷
787×1092毫米　开本：1/16　印张：13.75
字数：310千字

定价：160.00元
（如发现印装质量问题，我社图书营销中心负责调换）
版权所有，翻印必究

《国外油气勘探开发新进展丛书（二十）》
编 委 会

主　任：李鹭光

副主任：马新华　张卫国　郑新权

　　　　何海清　江同文

编　委：（按姓氏笔画排序）

　　　　万立夫　范文科　周川闽

　　　　周家尧　屈亚光　赵传峰

　　　　侯建锋　章卫兵

序

"他山之石，可以攻玉"。学习和借鉴国外油气勘探开发新理论、新技术和新工艺，对于提高国内油气勘探开发水平、丰富科研管理人员知识储备、增强公司科技创新能力和整体实力、推动提升勘探开发力度的实践具有重要的现实意义。鉴于此，中国石油勘探与生产分公司和石油工业出版社组织多方力量，本着先进、实用、有效的原则，对国外著名出版社和知名学者最新出版的、代表行业先进理论和技术水平的著作进行引进并翻译出版，形成涵盖油气勘探、开发、工程技术等上游较全面和系统的系列丛书——《国外油气勘探开发新进展丛书》。

自2001年丛书第一辑正式出版后，在持续跟踪国外油气勘探、开发新理论新技术发展的基础上，从国内科研、生产需求出发，截至目前，优中选优，共计翻译出版了十九辑100余种专著。这些译著发行后，受到了企业和科研院所广大科研人员和大学院校师生的欢迎，并在勘探开发实践中发挥了重要作用，达到了促进生产、更新知识、提高业务水平的目的。同时，集团公司也筛选了部分适合基层员工学习参考的图书，列入"千万图书下基层，百万员工品书香"书目，配发到中国石油所属的4万余个基层队站。该套系列丛书也获得了我国出版界的认可，先后四次获得由中国出版协会颁发的"引进版科技类优秀图书奖"，已形成规模品牌，获得了很好的社会效益。

此次在前十九辑出版的基础上，经过多次调研、筛选，又推选出了《石油地质概论》《油藏工程》《油藏管理》《钻井和储层评价》《渗透力学》《油气储层组分分异现象及理论研究》等6本专著翻译出版，以飨读者。

在本套丛书的引进、翻译和出版过程中，中国石油勘探与生产分公司和石油工业出版社在图书选择、工作组织、质量保障方面发挥积极作用，聘请一批具有较高外语水平的知名专家、教授和有丰富实践经验的工程技术人员担任翻译和审校工作，使得该套丛书能以较高的质量正式出版，在此对他们的努力和付出表示衷心的感谢！希望该套丛书在相关企业、科研单位、院校的生产和科研中继续发挥应有的作用。

中国石油天然气股份有限公司副总裁 李鹭光

英国帝国理工学院石油工程系列课程简介

本套丛书以英国伦敦帝国理工学院石油工程研究生系列课程为基础，各分卷都有一个独立的主题，或包含与课程相关的多个主题。出版该套丛书是为了全面系统地总结一年制石油工程研究生课程。该丛书的定位既不是教科书，也不是文献综述，而是提供比课堂笔记更为详细的内容和深入的讨论。

英国帝国理工学院的石油教学与研究始于 1913 年，这一年帝国理工学院开设了石油科技工学硕士课程，并任命 Vincent Illing 为石油专业辅导员。在过去的 102 年里，随着石油工业发展，与石油相关的教学活动也发生了变化。1975 年，北海油区开始产油，我们于同年开设了石油工程研究生课程。经过 40 年的发展，该课程更具国际影响力。现在，我们提供更加现代化和严谨的教学，强调应用基础理论来解决实际问题。例如，为使学员适应目前石油工业的工作流程管理要求，我们的石油工程和石油地质研究生课程都非常重视"工作流程"概念的讲解。

当前石油工程研究生课程的架构可追溯至 1997 年，由时任课程主管的 Alain Gringarten 教授制定。该课程的主导思路是加强工程学与地球科学的结合，实施的办法是为学习石油工程和石油地质研究生课程的学生开设公共的课程和研究项目。认识到油藏管理过程需要不同专业的人员协同作业，我们推出的课程非常重视学科交叉，对如何进行高效协调工作展开培训，致力于培养专业的石油工业人才，并使其成为细分领域的专家。通过本课程的学习，具有良好物理科学或工程学背景的学生可被训练成石油工程师，能够从容地运用最先进的理论和技术对复杂的油气资源进行开发。

本石油工程研究生课程由地球科学与工程系承办，授课地点设在皇家矿业学院。地球科学与工程系隶属于工程学院，其教学特点是强调地球科学（含教学与研究）与采矿、石油及计算机建模等相关工程活动的结合。基于这些条件，我们实现了石油专业教学和研究在各方面的无缝对接。

本石油工程研究生课程授课内容包括三个方面：（1）油藏描述、油藏建模、油藏数值模拟和油田管理的基本概念；（2）各种数据之间的联系；（3）现有数据的处理和综合分析。其中，与油田现场相关的授课内容通常在学年的前八个月完成。

为强化教学，常规课程要求学生组队完成一个油田的开发项目。该项目要求学生使用真实数据对油田进行评价，其中，数据由承办专题任务的油公司提供。早期该专题研究的对象是 Phillips Petroleum 公司持有的北海 Maureen 油田，现在是 BP 公司持有的英格兰南部近海的 Wytch Farm 油田。该团体项目通常在学年的上半年完成，分三个阶段：第一阶段，由工程师和地质师组成的 6 人团队，需要通力合作完成油藏描述、油藏建模，并在不确定性条件下估算储量；第二阶段，团队需要建立油藏数值模拟模型，同时使用各种解析技术对油藏的动态进行预测，进而提出合理的开发方案；第三阶段，团队需要结合生产设施、经济评价和环境评价，提出综合的开发方案。在任务结束前，完成最好的两个项目会被提交给专家评委，评委将评出最优者，并授予 Colin Wall 奖。Colin Wall 奖是为纪念 1964—

1992 年在帝国理工学院讲授石油工程的 Colin Wall 教授。

在学年的后四个月，全体学生需要独立完成一项个人的研究项目。由于石油工程技术和理论发展日新月异，这些项目研究的都是油公司最关心的问题。

研究生毕业论文按国际石油工程师协会（SPE）会议论文格式编写，部分成果会被 SPE 收录或在会议上宣讲。

油藏管理决策过程简介

油藏管理即运用已有的技术和理论对油藏的开发进行控制，从而实现收益最大化。其核心任务是根据公司的目的做出最为合理的决策。油藏管理决策是否合理，取决于是否能对方案实施的效果和不确定因素做出准确的预判。这种预判的准确性取决于油藏建模的水平。图 1 展示了油藏管理的整个过程。该过程包括油藏描述、油藏动态、井动态和油田开发四个阶段。这四个阶段贯穿于整个石油工程研究生教学课程，详见图 2。

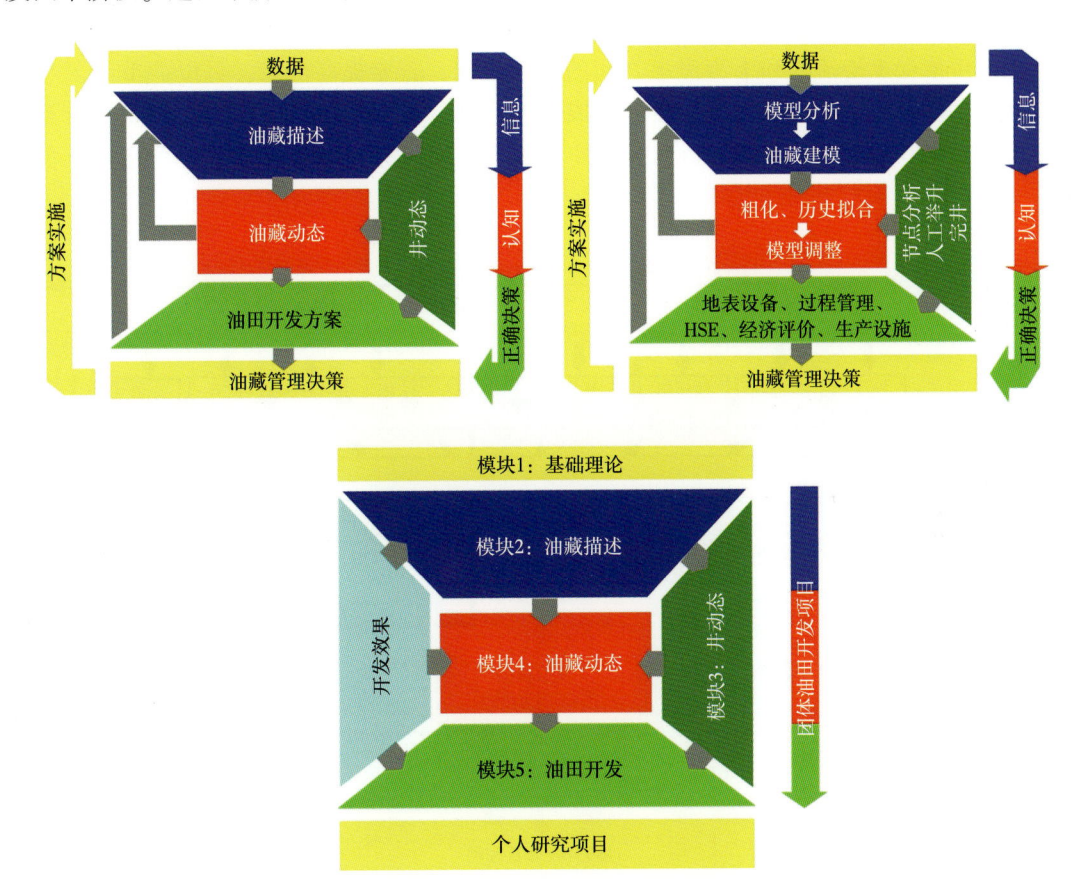

图 1　油藏管理决策过程（上图）；硕士课程中的油藏管理解析（下图）（据 SPE64311）

第一阶段（图 1、图 2 蓝底文字）对应于油藏描述，该阶段需要建立油藏的模型并尽量使模型的动态与生产动态一致。该阶段包括两个步骤：一是建立不同的单因素数据解释模型；二是将这些数据解释模型整合成油藏模型。其中，数据解释模型通过分析油藏不同的数据获得，包括静态的和动态的数据。静态数据用于描述油藏的结构，包括地质的、地球物理的、地球化学的和测井的数据。动态数据用于描述油藏的流动属性，包括流体压力的、地质力学的、示踪的、生产测井的、试井的和生产的数据。综合油藏模型可使用确定性或随机建模方法建立。油藏模型建立后必须进行检验，以确保模型与已知信息和数据解释模型尽可能一致。如果这种一致性检验为良好，说明油田实际数据（地震的、测井的、试井的和生产的数据）与模型计算结果匹配良好，那么依据历史拟合数据在合理的范围内对一些参数进行调整，这种匹配关系可达更佳。反之，若通过调整参数无法显著改善较差的匹配关系，可能说明油藏模型不完整，需要对数据进行重新解释，因为使用不准确的油藏模型是无法实现油田开发的优化。

建立合理的油藏模型之后，就可对油藏的开发动态进行预测（油藏动态，图1红底文字）。根据油藏模型检验过程中校正后的流动模型可计算出油藏的生产动态，如压力、产量和油气水饱和度。油田生产动态的预测需要综合考虑整个系统，包括油藏、井（井动态，图2深绿色背景文字）和地面设施等，因为这些要素会相互影响。以产量为例，系统中某个节点的液量受上游流入和下游流出之间的平衡控制，若要提高产量，可以调节流入与流出之间的平衡，直至获得最优化、最节约成本的方案。综合考虑经济评价、环境评价和安全因素对整个油藏的开发动态进行模拟，可获得一个合理的油田开发方案（图2橘黄色背景文字）。

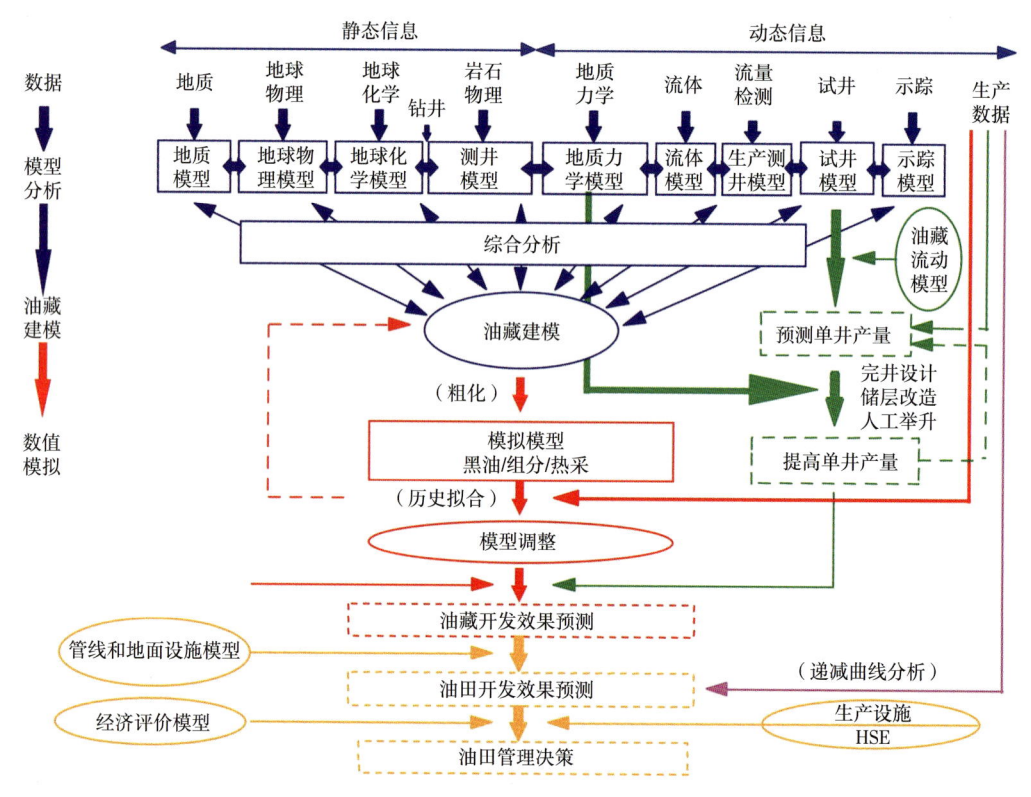

图2 油藏管理决策过程图解：不同颜色文字对应于图1研究生课程的四个阶段（据SPE64311）

新开发方案的实施会产生新的动态数据，原有的油藏模型必须使用这些新数据进行检验。如果油藏模型与新的动态数据不一致，则需要重复整个建模过程，更新模型，从而对开发方案进行调整。

本石油工程研究生课程与油藏管理的整个过程相对应，共包含五个模块：（1）基础理论模块，介绍地质学、石油地质学、地球物理、岩石物理性质、流体性质、多孔介质中的流体、生产机制和钻井；（2）油藏描述模块，介绍地质的、地球物理的、地球化学的、地质力学的、测井的、生产测井的和试井的单因素建模，以及综合的油藏建模；（3）井动态模块，介绍完井、生产问题和节点分析；（4）油藏动态模块，介绍解析预测、数值分析预测、粗化、历史拟合、提高采收率和数学模型应用；（5）油田开发模块，介绍管线和地面设施、环境评价与安全因素、经济评价。这些内容的教学课程有半数是帝国理工学院的现有课程，因此教学任务一半由帝国理工学院的教员完成，一半由聘请的业界专家完成，教学周期是半年。课程的开展循序渐进，学生在特定的时段内只学习一门课程，每周还有特邀专家讲座。油田现场的团队项目与室内课程同步进行，对应于教学内容的油藏建模、模型校正和油田开发方案编制。

为了加强石油地质和石油工程专业背景学生之间的交流与协作，基础课程和油藏描述课程采用集体大课讲授，油田开发项目团队参照真实的油藏评价小组组建，学生和教员按学科混编。集体大课还包含一次为期5天的野外地质实习（图3）。目前，大多静态课程的讲授通过集体学习完成，但是，对于石油工程类动态课程，石油地质专业的学生只需学习简化版课程。这样做的目的是让不同学科的学生充分互动，从而充分了解各自在油藏描述过程中的作用。

图3 石油工程与石油地质研究生班全体学员（134人）合影，摄于学年第二周前往 Dorset 野外的途中

该石油工程研究生课程非常成功，每年吸引了超过 500 人竞争 50~60 个招生名额。每届学生的生源国通常超过 20 个。我们招收的学生全部持有一等荣誉学位或相当的学位，而且约半数有工作经验。这些学生一般具有不同的文化背景，女生的比例也很高，如 2015 届为 37%。为保证教学质量，保证每个学生和教员之间有充足的交流时间，招生人数被严格控制。

将工程实践与项目研究相结合作为研究生课程组成部分的这种做法，我们回答不了苏格拉底式提问，但我们相信该套丛书有助于学生学习石油工程知识，尤其是那些没有机会加入该课堂的学生。

自 2013 年 Martin Blunt 教授接替 Gringarten 教授担任主管以来，我们在发展的过程中遇到了诸多挑战，但我们期望该课程能一如既往的成功。

我们向努力撰写各分卷的同事致以诚挚的谢意，同时感谢现在任职于世界各地的学生，正是他们的好奇心和求知欲激励了我们，让我们做得更好。相信该套丛书有助于新一代的石油工程师的教学、启发和激励。

Martin Blunt 和 Alain Gringarten
伦敦，2015 年 4 月

前　　言

　　石油地质学是一门交叉学科，其内容涉及多个地学分支。本书的目的是阐述石油地质最基础的原理及其对全球油气分布的控制，同时阐明与石油工业上游油气勘探和生产相关的勘探原理、技术和术语。本书属于高级科普教材，适用于长期与地质师或地球物理工程师共事的石油工程师、钻井工程师和测井工程师，有助于他们在油气勘探实践中学习和掌握地质与地球物理知识。

　　第一章着重介绍地质学的基础原理，首先回顾了地球的形状、结构、年龄和组分，然后简要描述了构成地壳的各类岩石，并分别探讨其成因。地壳中蕴藏着可供商业开采的矿床和化石能源，但烃类主要富集于沉积岩中，故本章重点探讨常见沉积岩的形成、演化和描述。结尾处对地壳运动导致的岩石圈变形做了简要回顾。

　　第二章全面回顾板块构造学的概念及板块运动对盆地形成、演化和特征的影响。油气分布的主控因素受地质条件制约。全球已探明的油气多分布于地壳中含有厚层沉积岩的坳陷——沉积盆地。板块构造理论可用于解释一系列的地质和地球物理问题，包括沉积盆地的形成及演化。

　　石油是一种混合物，含原油和天然气。第三章阐述石油的化学组分，并探讨不同组分对石油物理性质的影响。

　　第四章阐述石油的生成、运移和成藏。油气田指具有经济价值的烃类富集区，其形成受控于一系列的要素和过程。含油气系统分析是解释这些要素和过程在成藏过程中的相互作用，它既是开展区带油气资源评价的基础，也是本书的主要内容。

　　第五章介绍勘探技术。油气勘探需要系统的方法。开展油气资源评价首先需要收集各种资料，包括地质的、遥感的和地球物理的。其中，遥感资料包括航拍和卫星图片，地球物理资料包括重力、磁力和地震勘查资料。其次需要综合解释这些资料并对井下目标进行成图，从而为油气资源评价提供图件。本章主要介绍并讨论这些资料的解释方法。因为勘探的风险是不可避免的，所以在勘探阶段需要对钻探目标的风险等级进行评估。有利勘探区带评价通常指盆地或区带级别的资源潜力和风险评估。

　　第六章介绍资源和储量。资源，泛指所有可实现工业开采的物质，包括石油及各种矿产；储量特指基于现有技术可经济开采的探明资源量。除了储量分类及术语，本章还介绍油藏油气储量评估的各种方法，并展示全球油气储量、产量和需求量的分布情况，此外，还探讨了生物燃料。

　　第七章介绍非常规油气的分类及其在全球的产量与储量分布。两个世纪以前，人们就已认识到深色富有机质页岩中蕴藏着巨量的油气。这些资源被称为非常规油气，它们储存于非孔隙性岩石（储层）之中，无法用常规的钻井和开采技术进行商业开采。20世纪90年代中期钻采工艺的进步，使得部分非常规油气得以商业开采。这部分资源的归属随之发生变化，从非常规转变为常规资源，如页岩油、页岩气和油砂，这种转变在美国最为显著。进入21世纪后，因页岩油气产量迅速攀升，美国实现了天然气自给，原油进口也显著下降,其能源格局迅速改变。

　　第八章介绍了测井曲线的采集与基本解释。为防止疏松地层发生垮塌,油气井通常需要下套管,以保护井壁并将地层水阻隔于井眼之外,产层中的油气只能从套管上的射孔孔眼流入井筒。在下套管前,通常需要开展一系列的测井作业,以检测井眼周围岩石的电性、声波属性、放射性、介电属性和核磁属性等。对测井曲线进行解释,既可获得井下岩层重要的信息(岩石的物理属性和孔隙流体的性质),还可计算出流体的饱和度。其中,油气饱和度是评估储量不可或缺的参数。一些特殊的测井仪器可测量地层的倾角和倾向,还有一些则可根据电性和声波属性对井眼周围的地层进行成像。

　　书后随附专业术语、缩写字符及其解释,其中,缩写字符包括地学和石油地质学常用的术语,以及一些石油工业统计数据发布机构。

作者简介

　　Ala 毕业于英国帝国理工学院，先后获得石油科技专业学士、石油地质专业硕士和博士学位，至今已有 35 年的石油工业从业经历，先后任职于油公司和教育培训机构。1973 年入职于海鸥勘探国际（Seagull Exploration International），1976 年成为该公司总经理，主管北欧和中东业务。在此期间，其业务主要是勘探研究和远景评价，研究区块遍及非洲、西北欧、地中海东部、加勒比、南美和中东等地。1981 年加入英国帝国理工学院地球科学系，1994 年升任石油地质专业硕士课程主管。

　　Ala 学术成就斐然，1990 年主编出版专著《75 年之石油科学与科技进展》，截至 1994 年已累计发表研究和综述性论文 60 多篇，目前任"石油地质"期刊编委。其论文题材涉及中东和西非等地，聚焦于伊朗的石油地质和石油工业。1982 年开始，他组织或授教于众多培训班，授课地点遍及欧洲、非洲、中东和东南亚。Ala 博士至今仍活跃于石油工业界，为石油公司上游项目提供咨询，并在一些石油公司董事会任非执行董事。

致　　谢

本书素材来源广泛，得以成书要感谢大家的共同努力。感谢 Akash Kumar, Tarik Saif, Tom Dray 处理了相关图件的版权问题，感谢版权方的授权；感谢 Caroline Baugh 团队对图件的清绘，使得图片质量显著提升，他们是 Sarah Dodds, Christopher Dean 和 Bhavik Lodhia。感谢同事 John Cosgrove 提供图 1.14、图 1.47、图 5.2 和图 7.7，Chris Jackson 提供了图 5.28，Al Fraser 提供图 5.30。最后，感谢英国帝国理工学院出版社给予本书出版的优先权，感谢世界科学出版社编辑 Tom Stottor 和 Mary Simpson 提出宝贵建议。

目 录

1 地质学基础 ··· (1)
　1.1　概述 ··· (1)
　1.2　地球的形状、内部结构及组分 ·· (1)
　1.3　地球的年龄 ·· (5)
　1.4　地壳（岩石圈） ··· (5)
　1.5　火成岩的形成 ··· (5)
　1.6　变质岩的形成 ··· (7)
　1.7　岩石类型转化 ··· (8)
　1.8　沉积岩的关键特征及术语 ··· (8)
　　1.8.1　沉积岩的形成 ·· (9)
　　1.8.2　沉积环境 ··· (10)
　　1.8.3　化石动物群和化石植物群 ·· (10)
　1.9　常见的沉积岩 ·· (12)
　　1.9.1　砂岩 ·· (12)
　　1.9.2　碳酸盐岩 ·· (13)
　　1.9.3　页岩 ·· (15)
　　1.9.4　蒸发岩 ··· (15)
　　1.9.5　煤 ·· (16)
　1.10　沉积物的固结成岩 ··· (16)
　　1.10.1　压实作用 ··· (16)
　　1.10.2　胶结作用 ··· (17)
　　1.10.3　白云石化 ··· (17)
　1.11　地质年代 ··· (17)
　1.12　地层学 ··· (20)
　　1.12.1　地层接触关系 ·· (24)
　　1.12.2　层序地层学 ·· (28)
　1.13　地层对比 ··· (31)
　1.14　构造地质学原理 ·· (34)
　　1.14.1　褶皱 ··· (35)
　　1.14.2　断层 ··· (38)

1.14.3　逆冲推覆构造 ……………………………………………………………（41）
　　1.14.4　盐相关构造 ……………………………………………………………（42）
参考文献 ……………………………………………………………………………（42）

2　油气分布的控制因素 ……………………………………………………………（44）
2.1　油气形成主控因素 ……………………………………………………………（44）
2.2　控制油气分布的地质要素 ……………………………………………………（44）
　　2.2.1　烃源岩 ……………………………………………………………………（44）
　　2.2.2　储层 ………………………………………………………………………（44）
　　2.2.3　圈闭 ………………………………………………………………………（44）
　　2.2.4　盖层 ………………………………………………………………………（44）
2.3　沉积盆地 ………………………………………………………………………（44）
　　2.3.1　定义和成因 ………………………………………………………………（44）
　　2.3.2　基本特征 …………………………………………………………………（46）
　　2.3.3　沉积史 ……………………………………………………………………（47）
　　2.3.4　沉积盆地与油气 …………………………………………………………（47）
2.4　板块构造与沉积盆地的形成和演化 …………………………………………（48）
　　2.4.1　板块构造综述 ……………………………………………………………（49）
　　2.4.2　板块构造与盆地属性 ……………………………………………………（57）
　　2.4.3　化石动物群、化石植物群及其他地质特征 ……………………………（57）
　　2.4.4　板块构造与造山作用 ……………………………………………………（57）
参考文献 ……………………………………………………………………………（60）

3　石油的化学组分 …………………………………………………………………（62）
3.1　概述 ……………………………………………………………………………（62）
3.2　烷烃 ……………………………………………………………………………（62）
3.3　烯烃 ……………………………………………………………………………（63）
3.4　环烷烃 …………………………………………………………………………（64）
3.5　芳香烃 …………………………………………………………………………（65）
3.6　含硫化合物 ……………………………………………………………………（65）
3.7　含氮、含氧和含金属化合物 …………………………………………………（66）
参考文献 ……………………………………………………………………………（66）

4　含油气系统分析 …………………………………………………………………（67）
4.1　概述 ……………………………………………………………………………（67）
　　4.1.1　成藏要素 …………………………………………………………………（67）
　　4.1.2　成藏过程 …………………………………………………………………（67）

4.1.3　油气苗的意义 … (68)
4.2　烃源岩与油气生成 … (70)
　　4.2.1　干酪根分类 … (73)
　　4.2.2　生烃时间 … (77)
4.3　油气运移 … (77)
4.4　储集岩 … (78)
　　4.4.1　孔隙度 … (78)
　　4.4.2　渗透率 … (80)
　　4.4.3　孔隙度与渗透率关系 … (81)
　　4.4.4　裂缝与储层物性关系 … (81)
4.5　圈闭 … (84)
　　4.5.1　构造圈闭 … (85)
　　4.5.2　地层圈闭 … (91)
　　4.5.3　复合圈闭 … (93)
　　4.5.4　盐相关构造圈闭 … (94)
4.6　盖层 … (99)
4.7　含油气区带 … (101)
4.8　油气成藏事件图 … (102)
参考文献 … (103)

5　石油勘探 … (106)

5.1　概况 … (106)
5.2　地质数据来源 … (106)
5.3　遥感数据 … (107)
5.4　地球物理勘探技术与数据 … (108)
　　5.4.1　重力勘探 … (108)
　　5.4.2　磁法勘探 … (109)
　　5.4.3　地震勘探 … (111)
　　　5.4.3.1　地震波在界面的传播 … (114)
　　　5.4.3.2　地震勘探方法分类 … (115)
　　　5.4.3.3　地震数据处理 … (115)
　　　5.4.3.4　地震数据解释 … (118)
　　　5.4.3.5　地震地层学 … (120)
5.5　地下等值线图 … (122)
　　5.5.1　构造等高线图 … (122)

  5.5.2 厚度等值线图 ……………………………………………… (125)
  5.5.3 岩相图 …………………………………………………… (125)
  5.5.4 孔隙度和渗透率等值线图 ……………………………… (128)
 5.6 圈闭、目标与风险评价 ………………………………………… (129)
  5.6.1 圈闭和目标 ……………………………………………… (129)
  5.6.2 风险评价 ………………………………………………… (129)
 5.7 有利勘探区带评价（PFA）……………………………………… (131)
 参考文献 …………………………………………………………………… (132)

6 资源和储量 ……………………………………………………………… (134)
 6.1 概述 ………………………………………………………………… (134)
 6.2 储量分类与评估 …………………………………………………… (134)
 6.3 储量计算 …………………………………………………………… (135)
  6.3.1 确定性法 ………………………………………………… (136)
  6.3.2 概率法 …………………………………………………… (140)
 6.4 油气储量、产量和需求量 ………………………………………… (142)
  6.4.1 概述 ……………………………………………………… (142)
  6.4.2 石油储量 ………………………………………………… (142)
  6.4.3 天然气储量 ……………………………………………… (143)
  6.4.4 原油产量与需求量 ……………………………………… (144)
  6.4.5 天然气产量与需求量 …………………………………… (145)
  6.4.6 生物能源 ………………………………………………… (146)
 参考文献 …………………………………………………………………… (148)

7 非常规能源 ……………………………………………………………… (149)
 7.1 概述 ………………………………………………………………… (149)
 7.2 油页岩、页岩油和页岩气 ………………………………………… (149)
 7.3 油砂 ………………………………………………………………… (153)
 7.4 煤层气 ……………………………………………………………… (155)
 7.5 天然气水合物 ……………………………………………………… (156)
 参考文献 …………………………………………………………………… (158)

8 裸眼测井 ………………………………………………………………… (160)
 8.1 概述 ………………………………………………………………… (160)
 8.2 测井曲线定义与分类 ……………………………………………… (161)
  8.2.1 钻井液侵入影响 ………………………………………… (161)
  8.2.2 裸眼测井曲线分类 ……………………………………… (164)

8.2.3　常用专业术语 …………………………………………………………………（164）
　　8.2.4　钻井液的类型及其对裸眼测井数据采集的影响 ……………………………（166）
8.3　裸眼测井曲线解释 …………………………………………………………………………（166）
　　8.3.1　定性解释 ………………………………………………………………………（166）
　　8.3.2　定量解释 ………………………………………………………………………（166）
8.4　裸眼测井的应用 ……………………………………………………………………………（166）
　　8.4.1　电法测井 ………………………………………………………………………（166）
　　8.4.2　声波测井 ………………………………………………………………………（167）
　　8.4.3　放射性测井 ……………………………………………………………………（169）
　　8.4.4　介电和核磁共振测井 …………………………………………………………（170）
　　8.4.5　地层倾角测井 …………………………………………………………………（171）
　　8.4.6　成像测井 ………………………………………………………………………（172）
8.5　裸眼测井应用总结 …………………………………………………………………………（173）

参考文献 ………………………………………………………………………………………（175）

名词术语和缩写 ………………………………………………………………………………（176）

1　地质学基础

1.1　概述

地质学是专门研究岩石和地球演化的一门科学。地球生机勃勃充满活力，但无论是剧烈的地震、火山活动，还是细微的大陆漂移、海平面变化，都指示地球内部暗流涌动。地表的这些自然地质现象是人类了解地球内部结构、组分和动力学机制的重要线索。

地球的独特之处是含有液态的水，这使其成为浩瀚宇宙中一颗蔚蓝色的星球（图1.1）。

图 1.1　浩瀚宇宙中的蓝色星球——地球

1.2　地球的形状、内部结构及组分

地球是一个椭球体，因受自转产生的惯性离心力作用，其两极稍扁，赤道略鼓。地球的赤道半径（6378km）比极半径（6357km）长约21km，两者的平均值是人们通常使用的地球半径长度（6371km）。

地球的内部结构及组成见图1.2。地质学家对天然地震波的传播进行研究后认为地球内核呈固态，外核呈液态。地震的能量以纵波（P波）和横波（S波）在地球中传播，两者的传播方式差异极大。地球可视为由无数的颗粒组成，纵波传播时质点的振动方向与能量

1.7 岩石类型转化

组成地球的物质从一类岩石转变成另一类的过程称为岩石循环。表 1.1 简要概括了三大岩类之间的关系。岩类之间的转变是循序渐进的，该过程包含一系列相互联系的地质事件（图 1.13）。这些事件在地球演化过程中曾频繁发生。

图 1.13 展示了完整的岩石循环过程，该过程可概括为：火成岩→沉积岩→变质岩→火成岩。形成于地下的岩浆以火山喷发的形式到达地表，随后固结成火成岩。火成岩遭受风化剥蚀后会分解成颗粒，这些颗粒随后被水流、风和冰等地质营力搬运至沉积区并固结形成沉积岩。随着埋深增加，沉积岩在温度、压力作用下会发生变质，形成变质岩。若埋藏深度过大，变质岩会被熔化形成岩浆。事实上，岩石类型的转变并不完全遵循此线路：变质岩在熔化转变成火成岩之前可直接遭受抬升、剥蚀形成沉积岩；火成岩可直接转变成变质岩，而不经历沉积岩的阶段；沉积岩也可直接遭受抬升、剥蚀，形成新一期的沉积岩，而无须经历变质岩和火成岩的阶段。

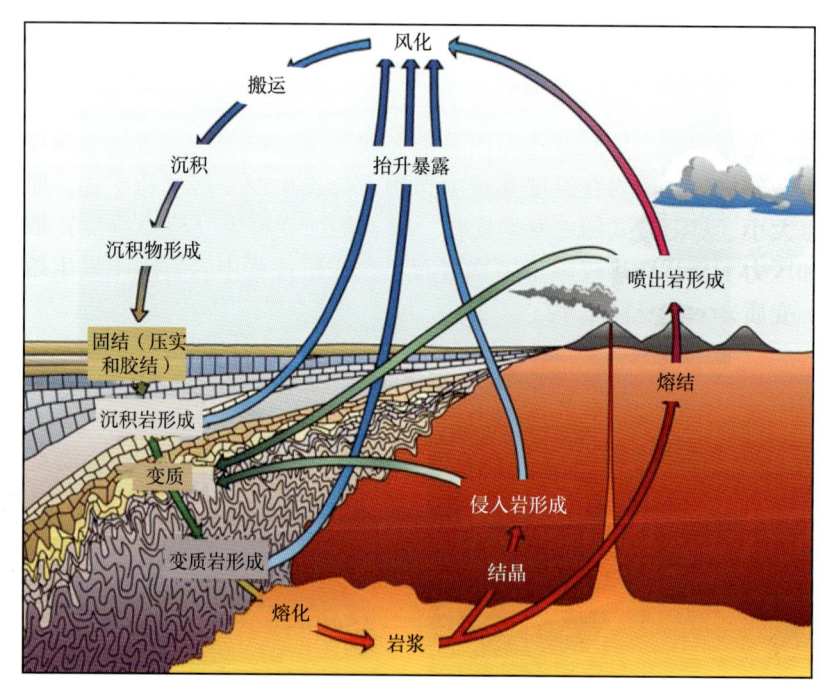

图 1.13 岩石循环示意图，展示了不同岩石类型之间的转变关系

1.8 沉积岩的关键特征及术语

层理是沉积岩最重要的鉴别特征。图 1.14 所示岩层层理特征明显，说明沉积岩为层状沉积物。地层的层面通常也是层理面。

图 1.14 沉积岩露头，可见明显的层状特征（上图据 M. Ala，下图据 J. Cosgrove）

1.8.1 沉积岩的形成

沉积岩的形成过程通常可以划分成如下 3 类：

（1）颗粒固结，即剥蚀自先存岩或矿物的颗粒固结形成岩石。图 1.15 展示了花岗岩碎块分解成颗粒的过程。以这种方式形成的岩石称为碎屑岩，如砂岩和页岩。

（2）海水饱和沉淀。沉淀形成的岩石称为化学岩，如石灰岩和蒸发岩。
（3）动物和植物的代谢。该过程形成生物化学岩，如珊瑚礁。

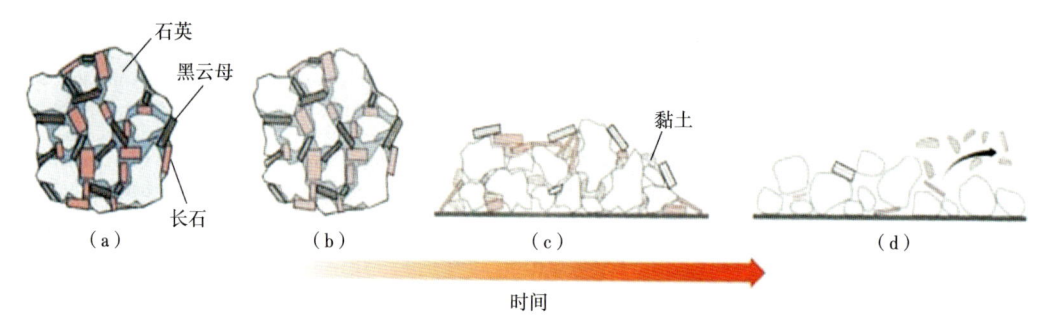

图1.15　花岗岩碎块风化成颗粒的过程（据Marshak，2005）
稳定性较差的矿物、长石和云母被分解并搬离，稳定的石英（二氧化硅）颗粒则残留并固结形成砂岩

碎屑岩的形成过程泛指碎屑颗粒被水、风和冰等地质营力从源区搬运至沉积区并固结成岩的过程；化学岩和生物化学岩为原地沉积，通常具有大面积分布的特征。

1.8.2　沉积环境

沉积环境指正在形成沉积岩，具有独特物理和化学特征的一片区域。沉积环境类型众多（图1.16），不同类型之间可并存，但各自通常形成不同的沉积相（图1.17）。其中，沉积相（图1.17）是地史中特定沉积环境的物质记录，也是岩石的基本构建单元。因此，可以根据岩石的类型（沉积相）恢复古环境。

沉积环境可分为陆相、滨岸相和海相，三者的沉积作用类型及所属气候带见图1.18。

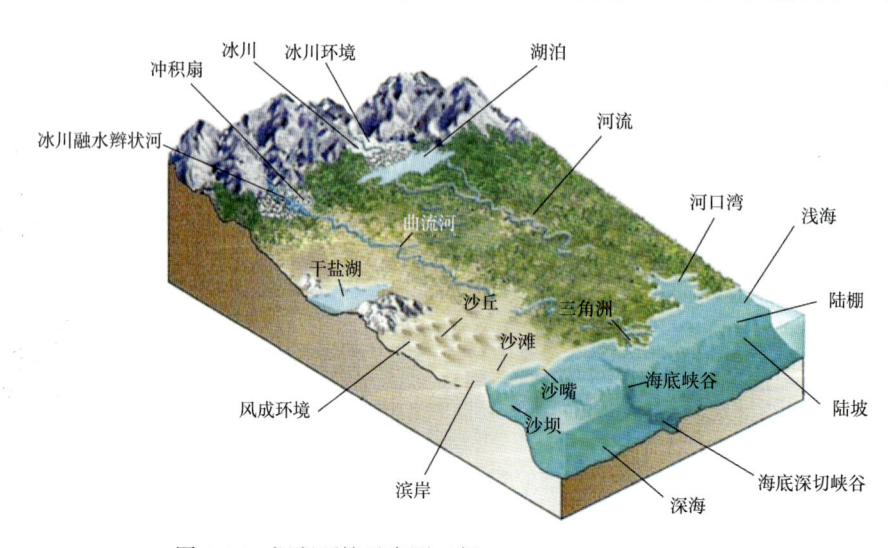

图1.16　沉积环境示意图（据Murck & Skinner，1999）

1.8.3　化石动物群和化石植物群

化石动物群和植物群分别指一些沉积岩中发现的各种动物和植物遗骸化石，它们是古环境的指相标志，可用于区分水上与水下、海相和陆相、深水和浅水，以及潮湿和干旱环境。

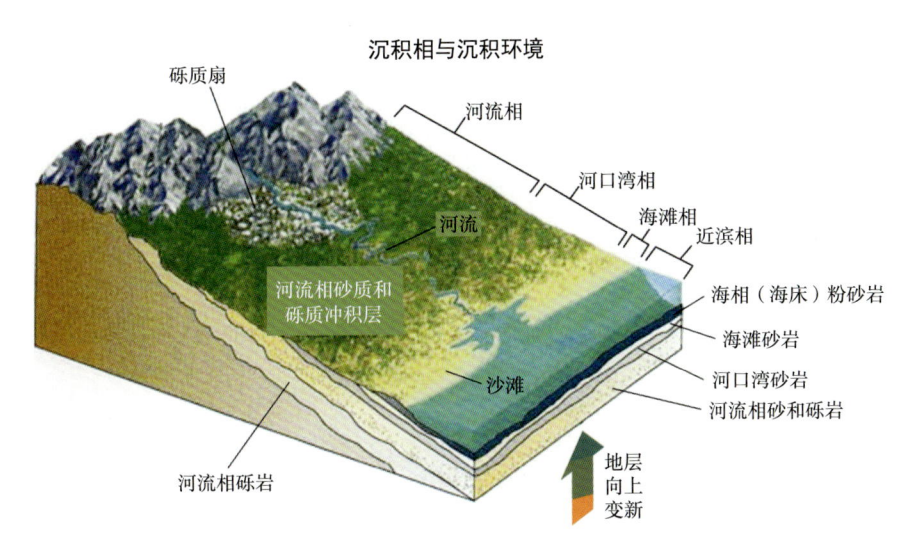

图 1.17　沉积相的定义及示意图（据 Murck & Skinner，1999）

环境	亚环境	搬运机制	沉积物	气候
陆地	湖泊① 河流② 沙漠③ 冰川④	湖流和波浪 河流 风 冰和融水	砂和泥，干旱气候为含盐沉积 砂、泥和砾 砂和尘土 砂、泥和砾	干旱—潮湿 干旱—潮湿 干旱 寒冷
海陆过渡带或海岸	三角洲⑤ 滨岸⑥ 潮坪⑦	河流 波浪和潮汐流 潮汐流	砂和泥 砂和砾 砂和泥	干旱—潮湿 干旱—潮湿 干旱—潮湿
浅海	陆棚⑧ 生物礁⑨	波浪和潮汐流 波浪和潮汐流	砂、泥和碳酸盐岩 碳酸盐岩和钙化有机质	
深海	陆缘⑩ 深海⑪	洋流和波浪 洋流和浊流	泥和砂 泥和砂	

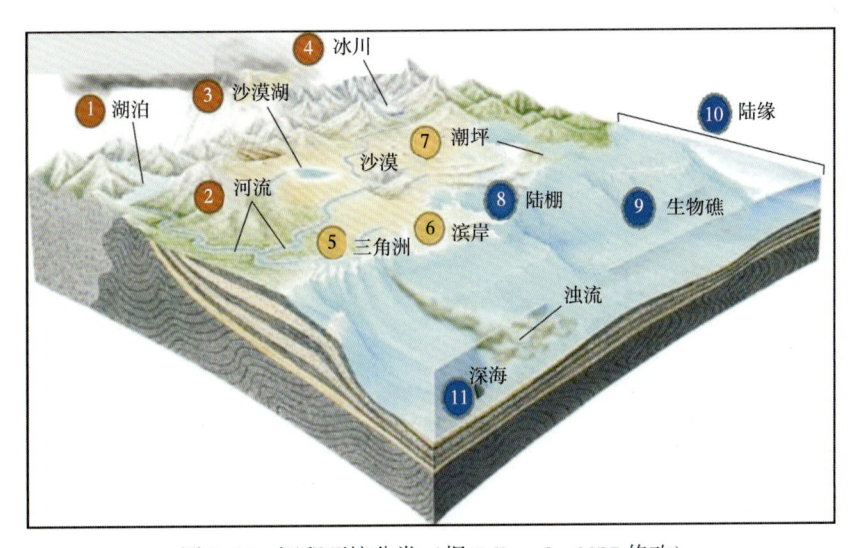

图 1.18　沉积环境分类（据 Sellwood，2007 修改）

1.9 常见的沉积岩

表 1.2 列举了常见的沉积岩,并介绍了各自在油气系统中的作用。

表 1.2 常见沉积岩类型

名称	在含油气系统中的作用
砂岩	储集层
碳酸盐岩	
页岩	烃源岩或盖层
蒸发岩	盖层
煤*	天然气的潜在烃源岩（如北欧的北海南部）

*煤属于有机质,它在狭义上不属于沉积岩。

1.9.1 砂岩

砂岩属于碎屑岩,由粒径介于 0.0625~2mm 的颗粒固结形成。构成砂岩的颗粒来自物源区,固结于沉积区,故砂岩并非原地沉积。碎屑颗粒的粒径与其搬离物源区的距离成反比（图 1.19）,其分级通常使用温特华斯（Wentworth）碎屑岩粒级分类法（图 1.20）。砂岩手标本实例见图 1.21。

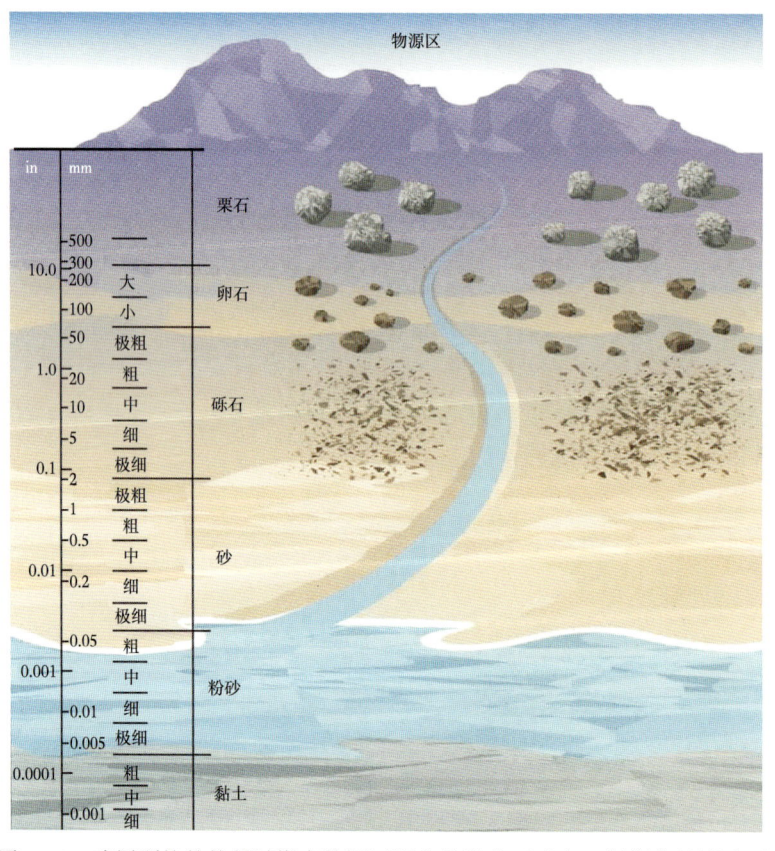

图 1.19 碎屑颗粒的粒径随搬离物源区距离的增大而减小（据斯伦贝谢公司）

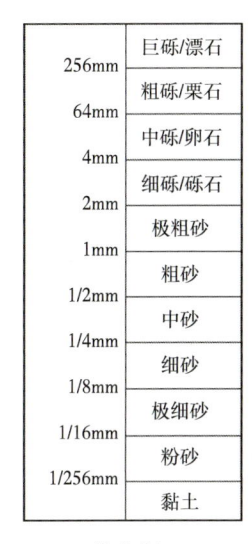

图 1.20 温特华斯（Wentworth）碎屑岩粒级分类方案

图 1.21 砂岩手标本，可见粒状结构

1.9.2 碳酸盐岩

碳酸盐岩包括方解石构成的石灰岩、白云石构成的白垩和白云岩。石灰岩形成于原地，属化学或生物化学成因。化学成因的石灰岩由方解石从海水中直接沉淀形成；生物化学成因的则由有机体的代谢形成，如珊瑚和藻，前者常构成生物礁。图 1.22 所示为生屑灰岩手标本，图 1.24 所示为礁灰岩手标本。生物礁通常生长于温暖、干净的浅水环境（图 1.23）。

图 1.22 生屑灰岩手标本（据美国亚利桑那州 Cochise 学院 Virtual 地质博物馆）

图 1.28　盐岩手标本（照片据 M. Ala）　　　　　图 1.29　石膏手标本

1.9.5　煤

煤由残留的陆生植物经历埋藏压实形成。在深埋过程中，煤会发生脱气生成天然气，如北海油田南部的天然气即源自下伏煤层。

1.10　沉积物的固结成岩

沉积物向沉积岩的转变称为成岩。成岩作用始于沉积物的沉积，终于变质作用的开始，既可由地下水下渗与岩石发生化学反应引起，也可由深埋后温度和压力上升引起。变质作用的发生需要较高的温度（>200℃）和压力，这通常要求岩石达到较大的埋深。

成岩作用类型多样，主要是压实作用、胶结作用和交代作用。各种成岩作用及特征见后述。

1.10.1　压实作用

沉积物沉积于水底之初水分极高，随着上覆沉积物重荷压力增大，其水分将被排出，碎屑颗粒将紧密压实，岩石密度随之增大。图 1.30 展示了压实的过程。

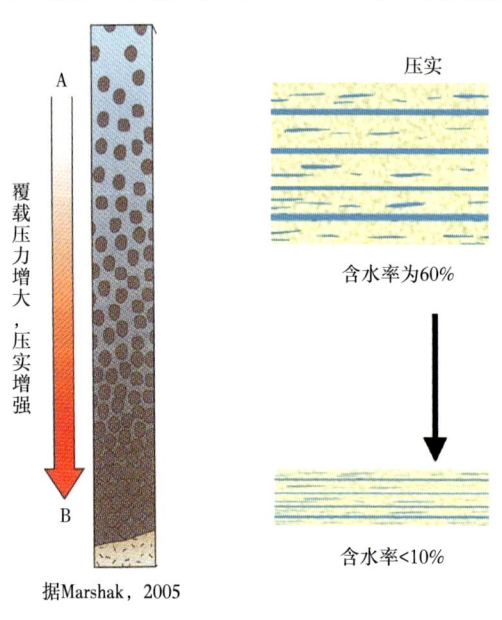

据 Marshak，2005

图 1.30　压实作用示意图

1.10.2 胶结作用

胶结作用指渗入岩石粒间孔隙中的富矿物质水发生结晶沉淀（图1.31）。方解石（$CaCO_3$）和二氧化硅（SiO_2）是砂岩中最常见的胶结物。

胶结作用通常会导致岩石原生孔隙减少。因易遭受溶蚀，若被富二氧化碳地下水渗滤，方解石胶结的岩石可发育大量溶蚀孔隙。

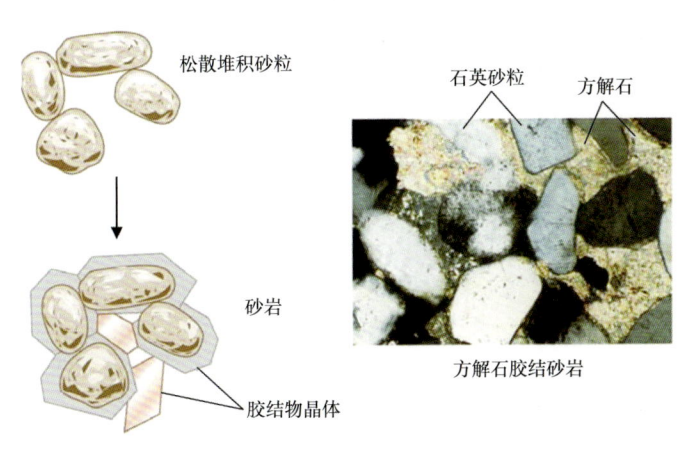

图1.31 胶结作用示意图（据Sellwood，2007）
砂粒受孔隙内胶结物胶结形成砂岩

1.10.3 白云石化

白云石化是一种交代作用，即石灰岩因方解石晶体被白云石交代而转变成白云岩的成岩作用。该作用由方解石和氯化镁发生化学反应所致，通常与富镁离子水的下渗有关（图1.26），其化学反应方程式为：

$$MgCl_2 + 2CaCO_3 \Longrightarrow CaMg(CO_3)_2 + CaCl_2$$

1.11 地质年代

地质年代分为相对地质年代和绝对地质年龄。在19世纪末放射性被发现之前，人们一直没有绝对地质年龄的概念，只能根据地层层序律确定地层的相对地质年代（图1.32）。绝对地质年代的提出得益于18世纪晚期至19世纪地质学的建立。

绝对地质年龄

继1896年发现了放射性，物理学家在20世纪初进一步发现放射性元素会随时间发生衰变。根据这一特征，可测定岩石的绝对地质年龄。

特定元素的原子具有恒定的质子数（即原子序数），但中子数则是变化的，这意味着同一元素的原子可具有不同的原子量。那些质子数相同，中子数不同的元素互为同位素。例如，质子数为92的铀（原子序数为92）存在铀235和铀238两种同位素，分别简写为^{235}U和^{238}U。

同位素分为稳定性和放射性两种，前者不随时间发生变化，后者经过一段时间会转变成另一种元素。这种变化称为衰变，发生衰变的核素称为母核，新生成的核素称为子核。放射性同位素发生衰变之前的存在时间是无法确定的，但其半数母核衰变成子核所需要的

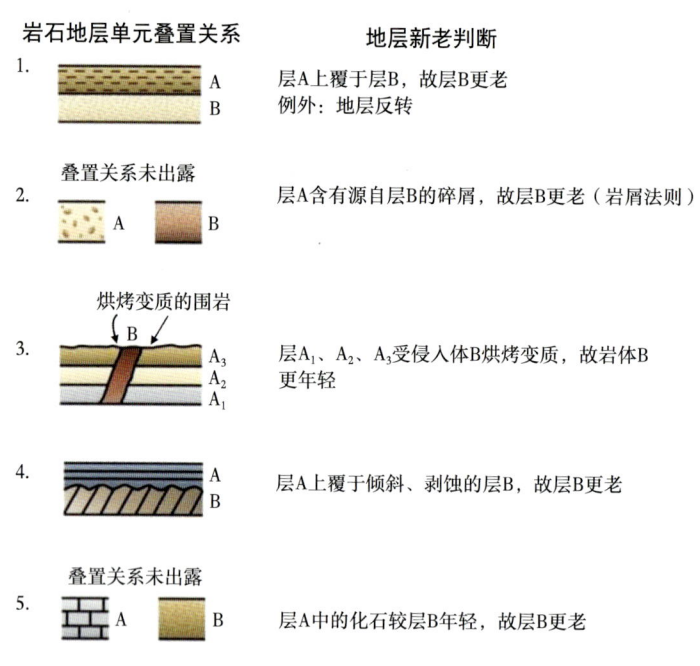

岩石地层单元叠置关系	地层新老判断
1. A / B	层A上覆于层B，故层B更老 例外：地层反转
2. 叠置关系未出露 A B	层A含有源自层B的碎屑，故层B更老（岩屑法则）
3. 烘烤变质的围岩 B, A₃/A₂/A₁	层A₁、A₂、A₃受侵入体B烘烤变质，故岩体B更年轻
4. A / B	层A上覆于倾斜、剥蚀的层B，故层B更老
5. 叠置关系未出露 A B	层A中的化石较层B年轻，故层B更老

图1.32　指示岩石地层单元新老关系的地层层序律

时间是可以测定的，该时间称为半衰期。半衰期的概念及其在岩石放射性测年中的应用见图1.33。图1.34展示了岩石放射性测年中使用的放射性元素及其半衰期与富集矿物。其中，^{238}U—^{207}Pb、^{87}Rb—^{87}Sr的衰变曲线分别见图1.35和图1.36。此外，^{14}C—^{14}N（图1.37）测年被广泛应用于考古学。

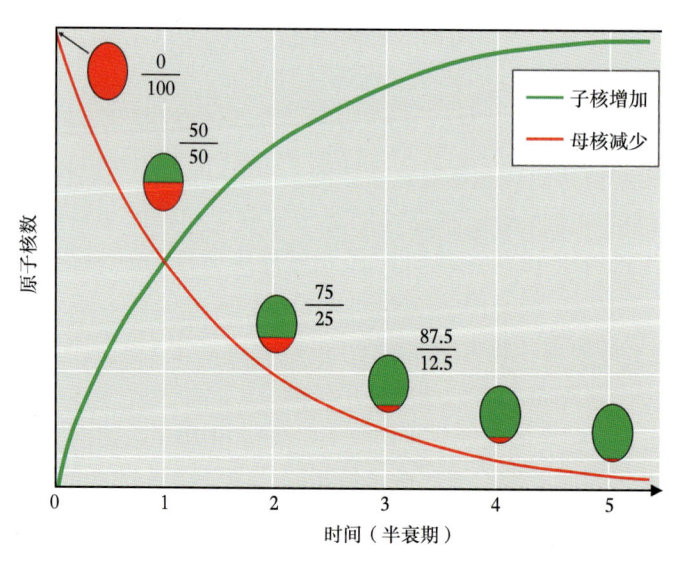

图1.33　放射性及半衰期示意图（据Murck & Skinner，1999）
曲线展示了母核衰变生成子核的过程；半衰期指放射性元素的原子核有半数发生衰变所需要的时间

母核素→子核素	半衰期（Ga）	富集矿物
$^{147}Sm \rightarrow {}^{143}Nd$	106	石榴子石、云母
$^{87}Rb \rightarrow {}^{87}Sr$	48.8	含钾矿物（云母、长石和角闪石）
$^{238}U \rightarrow {}^{206}Pb$	4.5	含铀矿物（锆石、铀云母）
$^{40}K \rightarrow {}^{40}Ar$	1.3	含钾矿物（云母、长石和角闪石）
$^{235}U \rightarrow {}^{207}Pb$	0.713	含铀矿物（锆石、铀云母）

图 1.34 岩石放射性测年使用的放射性同位素及其半衰期与富集矿物（据 Marshak，2005）

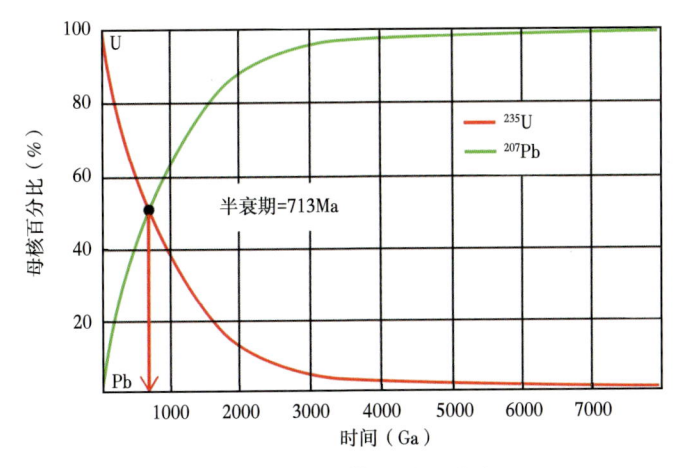

图 1.35 ^{235}U—^{207}Pb 衰变曲线

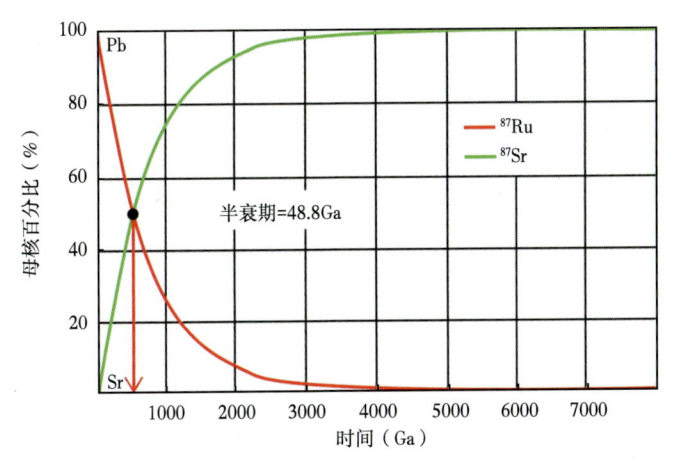

图 1.36 ^{87}Ru—^{87}Sr 衰变曲线

矿物中母核原子衰变成子核原子的比例可通过实验室测定，据此可计算出矿物的年龄。20 世纪 20—30 年代，物理学家首次计算出不同放射性元素的半衰期，使得细分地层年代并将其赋予绝对地质年龄成为可能。放射性测年的误差是±1%，其表述方式如 270Ma±2.7Ma。迄今为止，通过放射性测年得到的最古老地层的年龄是 42 亿年。

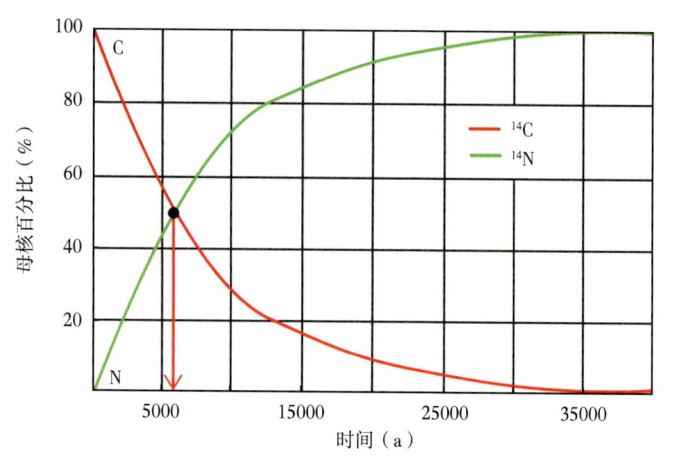

图1.37 C^{14}—N^{14}衰变曲线

1.12 地层学

地层学是地质学非常重要的分支，其核心是描述层状的地层并确定其年代。地质年代跨度极大，需将其划分成可操作的时间段。地层或地质年代表即由这些时间段构成。图1.38为地质年代粗分（宙、代、纪、世）表，图1.39为详细的地质年代划分表。图1.40总结了地球显生宙（545Ma）以来生命的演化过程。

地层学以一系列基本准则为基础，其中最重要的是：

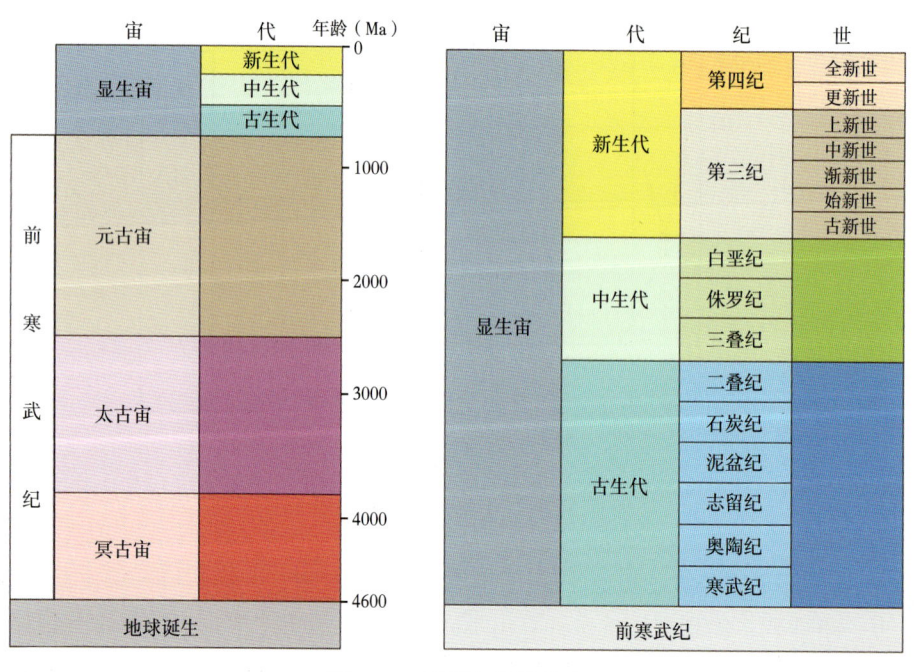

图1.38 地质年代粗分表

图 1.39 年代地层细分表

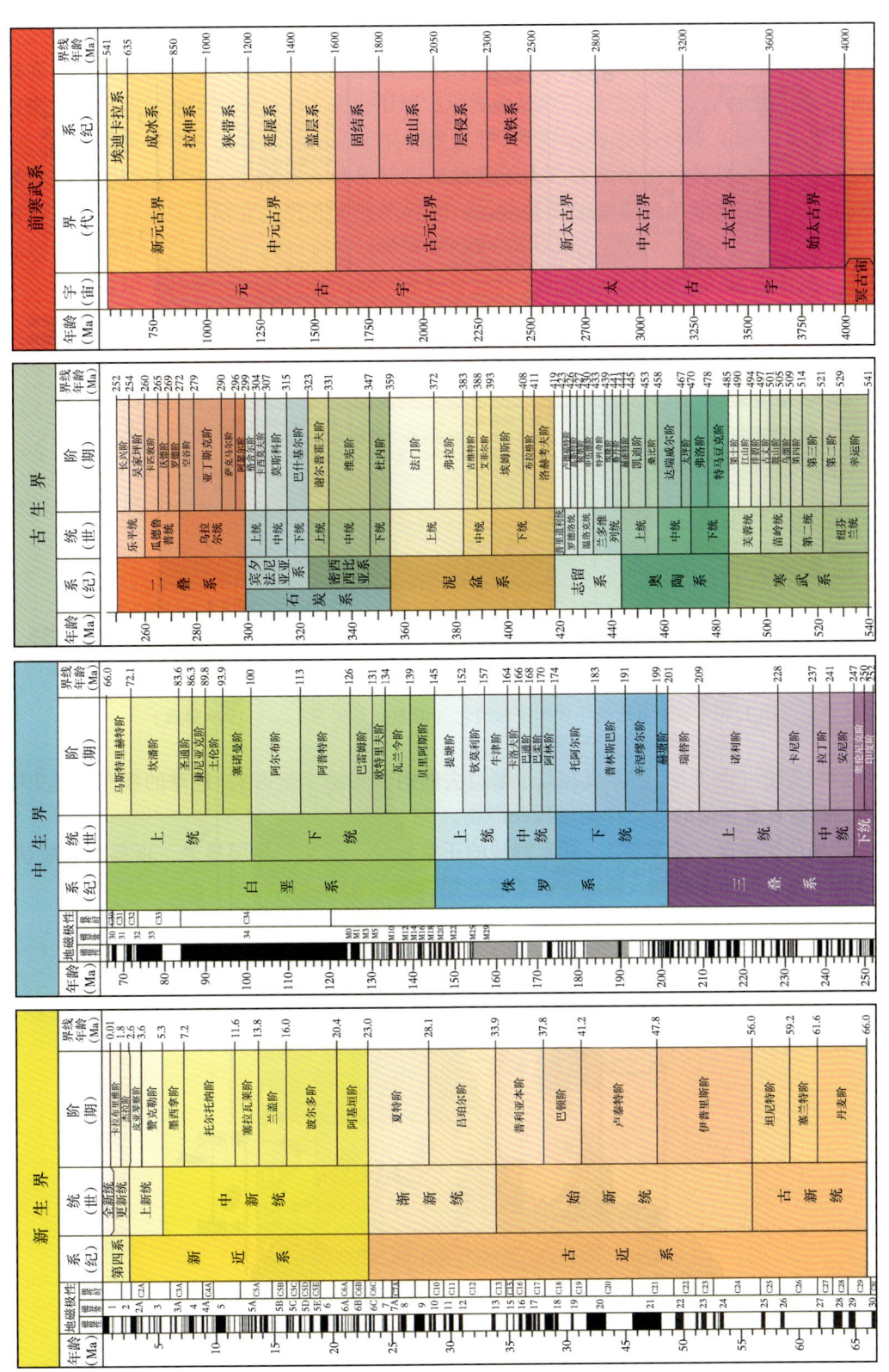

地层单元		生物地层单元		岩石地层单元
系	统	阶	带	段	组

系	统	阶	带	段	组
奥陶系	Canadian		*Ophileta*	Oneota白云岩	Prairie du chien
寒武系	Croixan	Trempealeauan	*Saukia*	Lodi粉砂岩 Black Earth白云岩	Jordan St. Lawrence
		Franconian	*Prosaukia* *Ptychaspis* *Canaspis* *Elvinia*	Reno砂岩 Tomah砂岩 Birskmose砂岩 Woodhill砂岩	Franconia
		Dresbachian	*Aphelaspis* *Crepicephalus* *Cedaria*	Galesville砂岩 Eu. Claire砂岩 Mt. Simon砂岩	Dresbach
前寒武系				100ft	St. cloud 花岗岩

图 1.43 地层沉积层序及其中的岩石地层（层和组）和生物地层单元，两种地层单元的界限不完全一致（据 Krumbein & Sloss, 1963 修改）

1.12.1 地层接触关系

沉积层在垂向和侧向上通常有变化，其侧向上的变化称为相变，如砂岩渐变成页岩。垂向叠覆的两套地层若无沉积间断，两者的接触关系称为整合接触；反之，若有沉积间断或为侵蚀接触，则称为不整合接触，接触面称为不整合面。沉积间断的时间有长有短。

地层之间存在多种不整合接触关系（图 1.44），其中界面上下地层倾角差异明显者称为角度不整合接触。角度不整合接触的形成需要经历一系列地质事件，其形成过程见图 1.45，实例见图 1.46 和图 1.47。

出露于美国亚利桑那州大峡谷的地层序列是展示地层接触关系的良好实例，其地层单元见图 1.48，地层柱状图见图 1.49。该地层记录并不连续，存在多个沉积间断面（图 1.49），其中一些间断面非常明显，时间跨度可超 70Ma，如寒武系和泥盆系之间的界面。

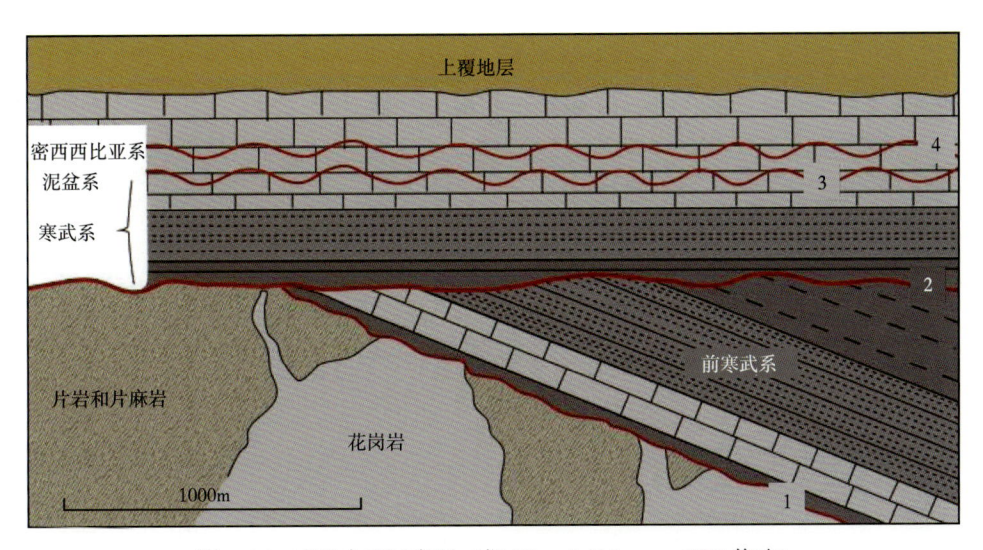

图 1.44 不整合面示意图（据 Flint & Skinner，1974 修改）

不整合面（1）和（2）对应于高级别的构造运动，由长期的抬升和剥蚀作用形成，指示大的沉积间断；不整合面（3）和（4）大致平行于岩层，由广泛的抬升和轻微的剥蚀作用形成，指示短暂的沉积间断，一些学者称之为假整合

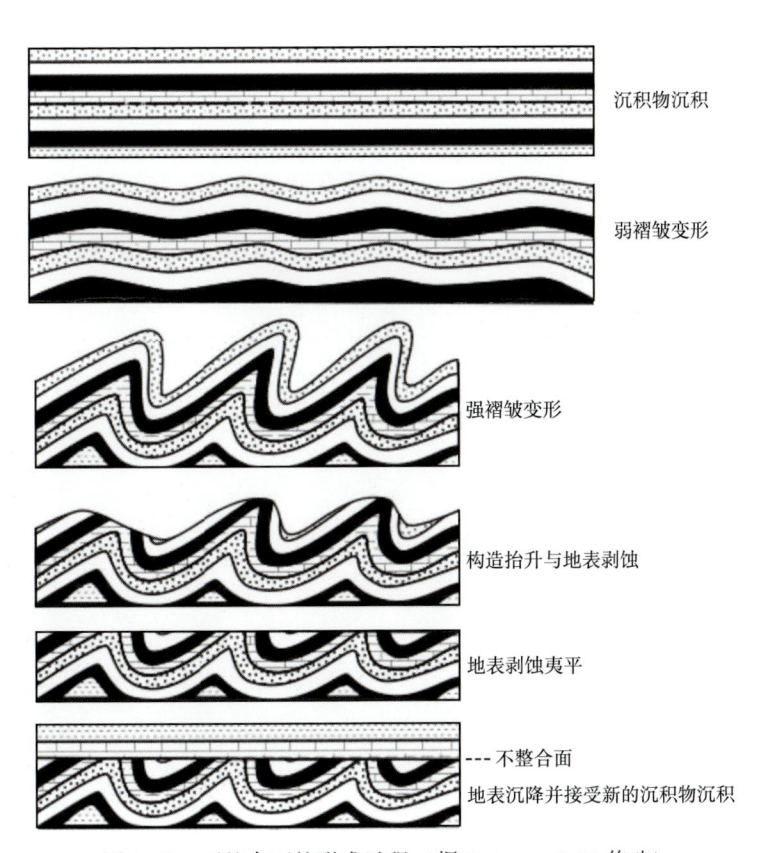

图 1.45 不整合面的形成过程（据 Holmes，1965 修改）

图 1.46 露头中典型的地层角度不整合接触关系

图 1.47 露头中的地层角度不整合接触关系

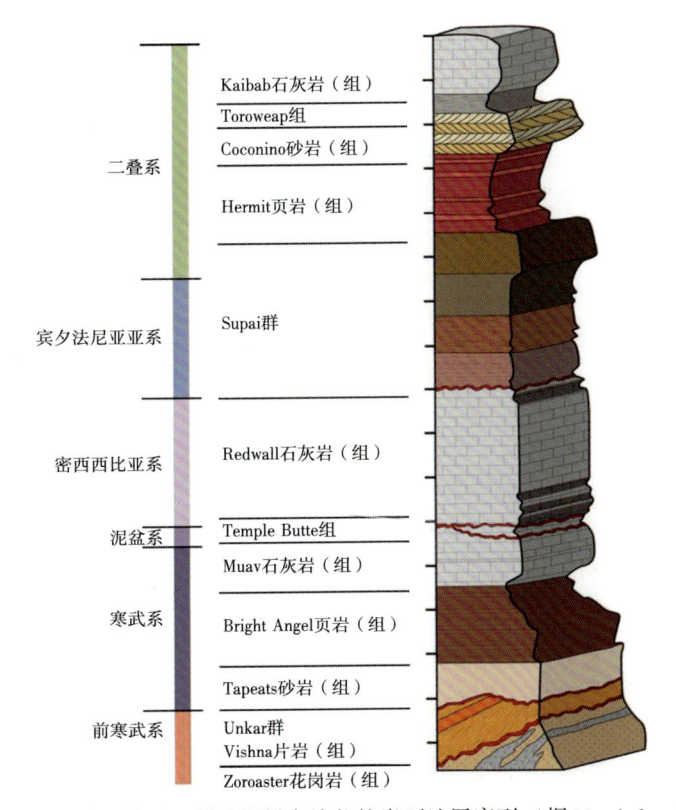

图 1.48　出露于美国亚利桑那州大峡谷的岩石地层序列（据 Marshak，2005）

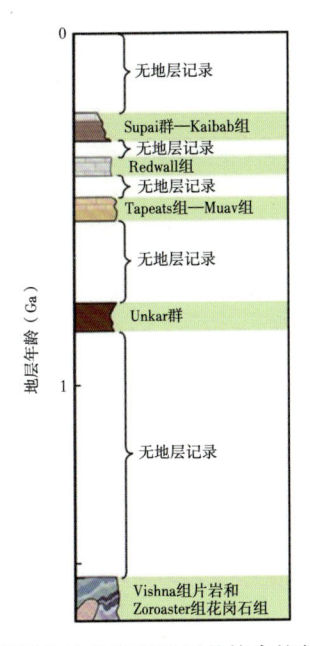

图 1.49　美国亚利桑那州大峡谷出露地层的综合柱状图（据 Marshak，2005）
因存在不整合面，该地层记录不完整

因界面上下波阻抗差异显著，不整合面通常是良好的地震反射界面，据其可识别并追踪地下的不整合面（图1.50）。这对于石油地质非常重要，因为许多油气圈闭与不整合面密切相关（图1.51）。

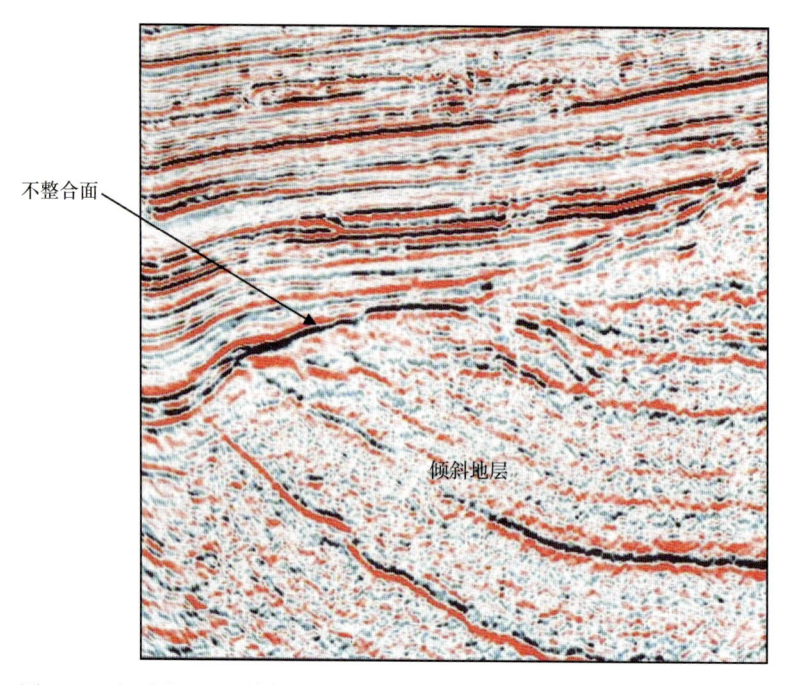

图1.50 挪威海上地震剖面，可见与下伏倾斜地层呈削截接触的不整合面
（据 GEO EXPro，2008）

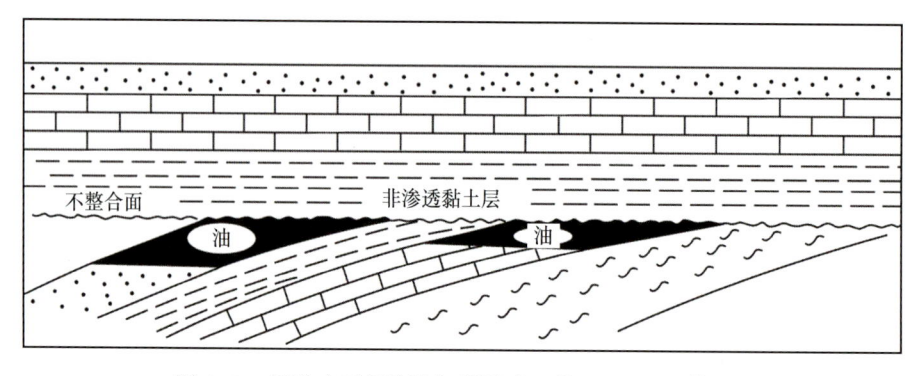

图1.51 不整合面相关油气藏图示（据 Fox，1964 修改）

1.12.2 层序地层学

层序地层学是一门在年代地层格架内，研究沉积物分布随海平面周期性升降变化的地层学分支，其基本原理见图1.52。当前，层序地层学是预测岩相空间展布的重要方法，其基于海平面变化建立的沉积模式可以预测不同岩相在地层序列内的空间展布，包括垂向和侧向的叠置关系。该沉积模式为研究沉积物时空展布提供了框架，包括局部的、区域的及盆地尺度的。

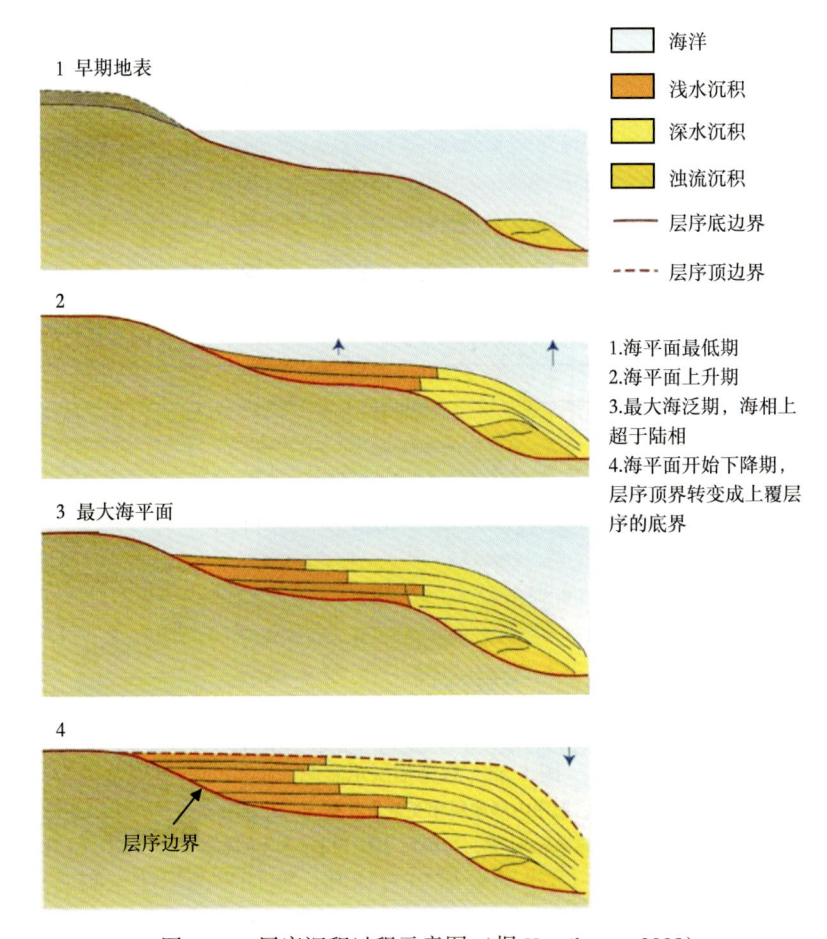

图 1.52　层序沉积过程示意图（据 Henriksen，2008）

层序地层学有一套术语，包括层序、体系域、层序边界、准层序等。其中，层序是一套相对整一的、成因上有联系的、以区域不整合面为界的地层，其形成与海平面变化密切相关（图 1.53），其边界（不整合面）通常由海退引起的地层暴露、剥蚀形成。图 1.54 展示了一个理想层序的沉积过程。

无论何时，特定的沉积物总是沉积于特定区域。浅水沉积物（主要是粗碎屑）通常沉积于近岸带，细粒的砂岩和粉砂岩沉积于滨外带，黏土沉积于深水。在海平面上升期（海侵期），随着水深增大，浅水与深水之间的过渡带向陆一侧移动；反之，该过渡带向海一侧移动。根据层序地层学原理可知，尽管区域或盆地不同部位的沉积单元有着显著的岩性差异，但它们可能沉积于同期的海平面变化（上升或下降）。

层序地层学的研究使人们对显生宙全球海平面变化的认识和解释更加深入（图 1.55）。尽管这种解释仍存争议，但可以肯定的是古代海平面要高于现今，尤其是白垩纪和早古生代。

间缺失地层 D，说明两者为不整合接触。

地层对比可以是区域或盆地尺度的，也可以是局部油田尺度的。图 1.57 所示为盆地级别的岩石地层对比剖面，可见向盆缘方向地层厚度变薄，不整合面增多。图 1.58 所示为根据

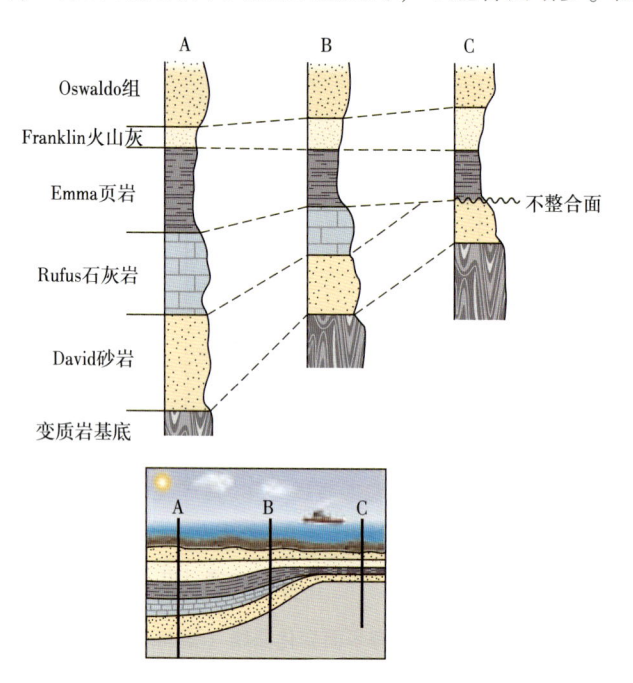

图 1.57　盆地尺度的岩石地层对比剖面（据 Marshak，2005）

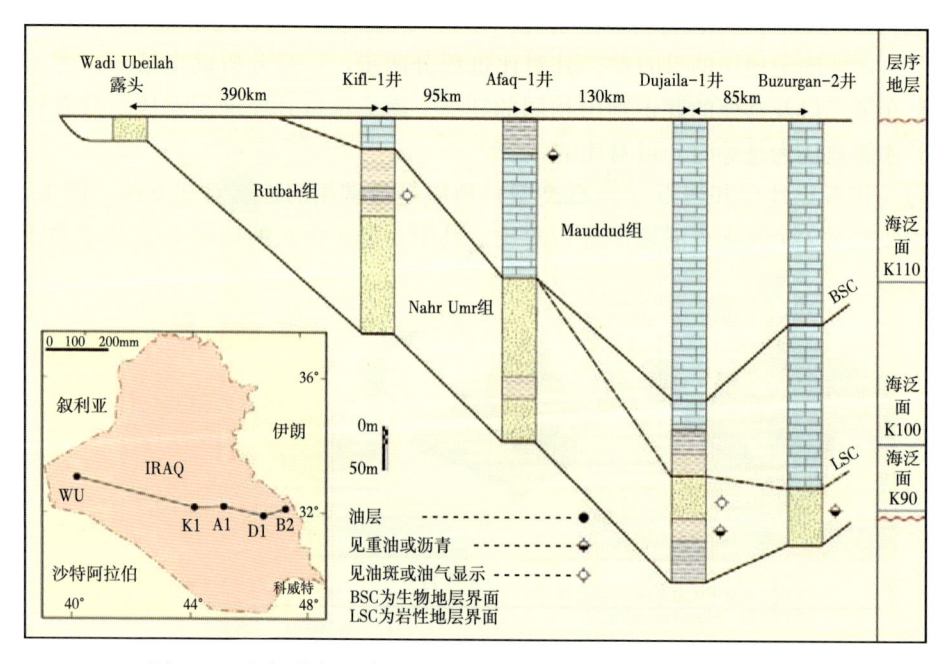

图 1.58　根据井资料建立的地层对比剖面（据 Aqrawi 等，2010）
伊拉克中部东西向岩石地层格架，可见碳酸盐岩地层向东明显增厚

井资料建立的伊拉克中部岩石地层对比剖面。图1.59所示为油田尺度的地层对比剖面，可见北海Scott油田储集层的厚度和沉积相在侧向上变化明显。二维地层对比剖面组合后可构成三维地层对比剖面——地层栅状图（图1.60）。

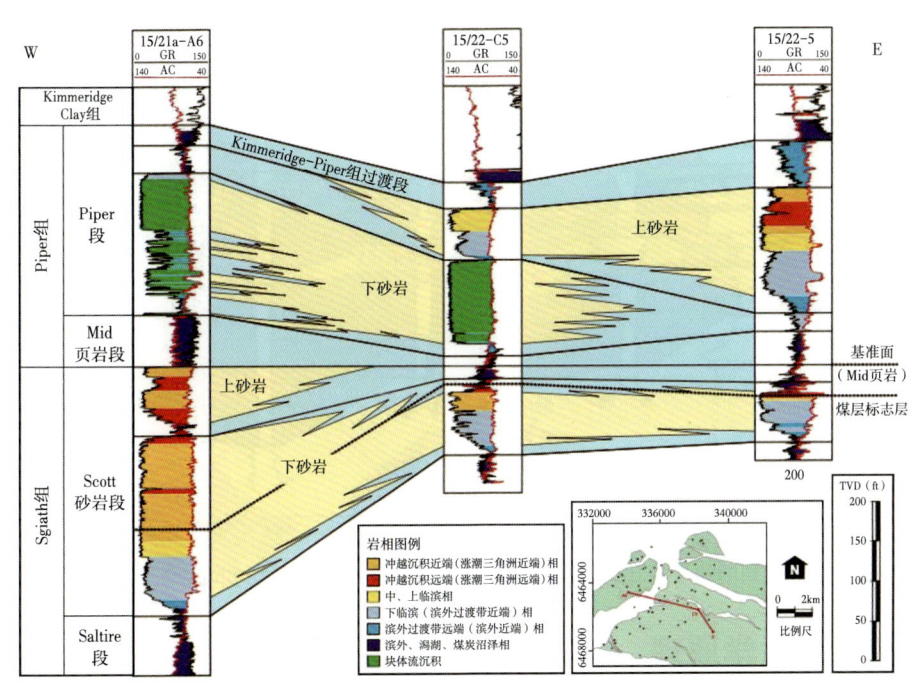

图1.59　北海Scott油田东西向地层对比剖面，可见储层厚度和沉积相在侧向上变化明显（据Guscott等，2003）

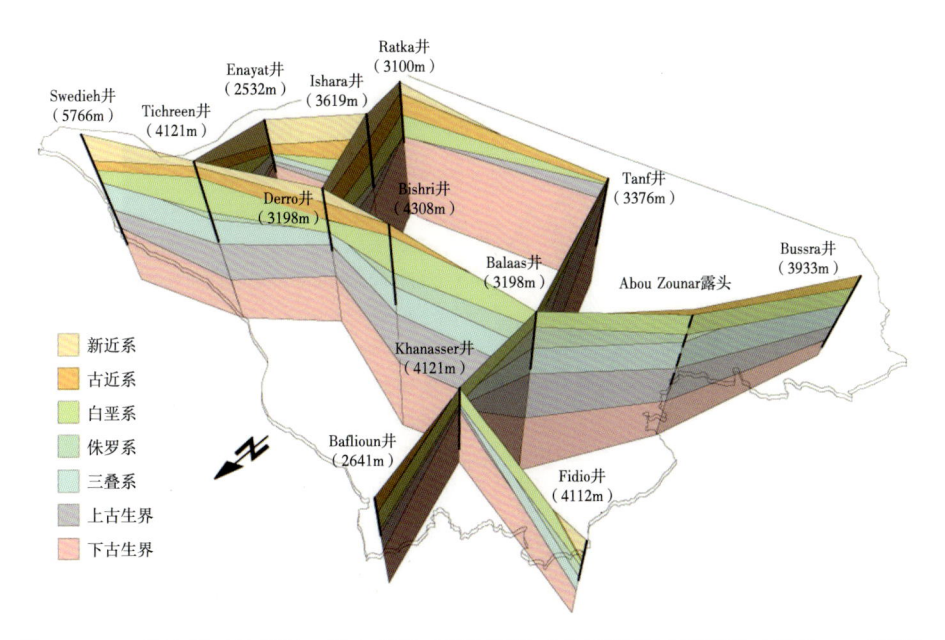

图1.60　三维地层对比剖面，即由多条二维剖面构成的三维地层栅状图（据Brew，2001）

图 1.65　露头中的大型高幅度对称背斜（据 Hull & Warman，1970）

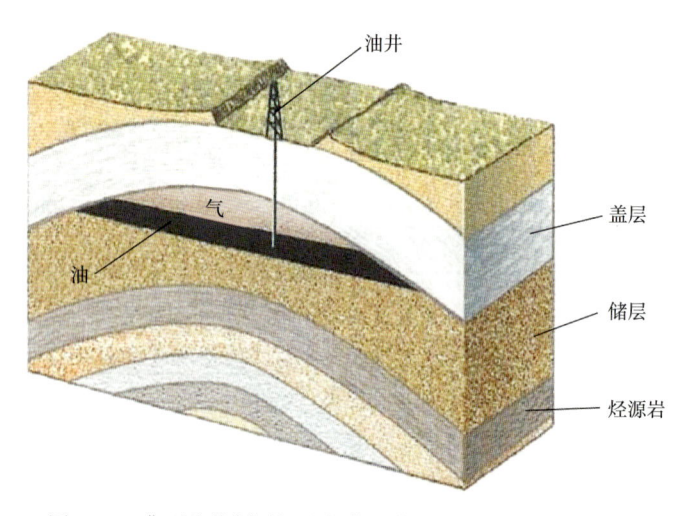

图 1.66　典型的背斜圈闭油气藏示意图（据 Marshak，2005）

背斜是拱形的褶皱（图 1.64、图 1.65），其相背倾斜的两侧地层称为翼部，中部地层称为核部，外部地层称为包络层（图 1.63），核部的地层老于包络层。背斜是最常见的油气圈闭，图 1.66 为典型的背斜圈闭油气藏及其要素。

向斜是两翼相向倾斜的褶皱（图 1.67），其核部地层新于包络层（图 1.63）。

单斜指形态简单的阶梯状扭曲褶皱。沿阶梯下降方向，单斜中的水平岩层或多或少有一定倾斜，但很快又恢复为水平状（图 1.71）。

图 1.67 露头中的非对称向斜（照片据 J. Cosgrove）

图 1.68 露头中轴面倾斜的非对称褶皱（据 Marshak，2005 修改）

图 1.69 露头中极不对称的背斜（照片据 M. Ala）

图 1.70　露头中的小型非对称褶皱，位于英国西南部多塞特郡的 Stair Hole（照片据 M. Ala）

图 1.71　露头中的单斜褶皱

1.14.2　断层

断层是分布于地壳中的裂缝或位错，其两侧地层沿错动面（断层面）存在明显的相对位移（错动）。断层面通常呈倾斜状，其上方的断盘称为上盘，下方的称为下盘。依据上下盘的相对移动方向及形成时的地壳应力场，可将断层划分成正断层、逆断层、走滑断层和逆冲断层 4 类，各自成因机制、特征及术语详见图 1.72。

正断层由张性应力形成，其上盘相对下盘向下方滑动（图 1.73），常导致地壳伸展和下降。与正断层伴生的构造包括掀斜断块和半地堑，前者指上升的断块，后者指下降的断块。断块旋转后形成的构造包括掀斜断块和半地堑（图 1.72）。逆断层由挤压应力形成，其下盘相对上盘向上滑动（图 1.74），常导致地壳缩短和抬升。正断层和逆断层均可形成油气圈闭，如苏伊士湾的地垒及掀斜断块油气圈闭（图 1.75、图 1.76）。

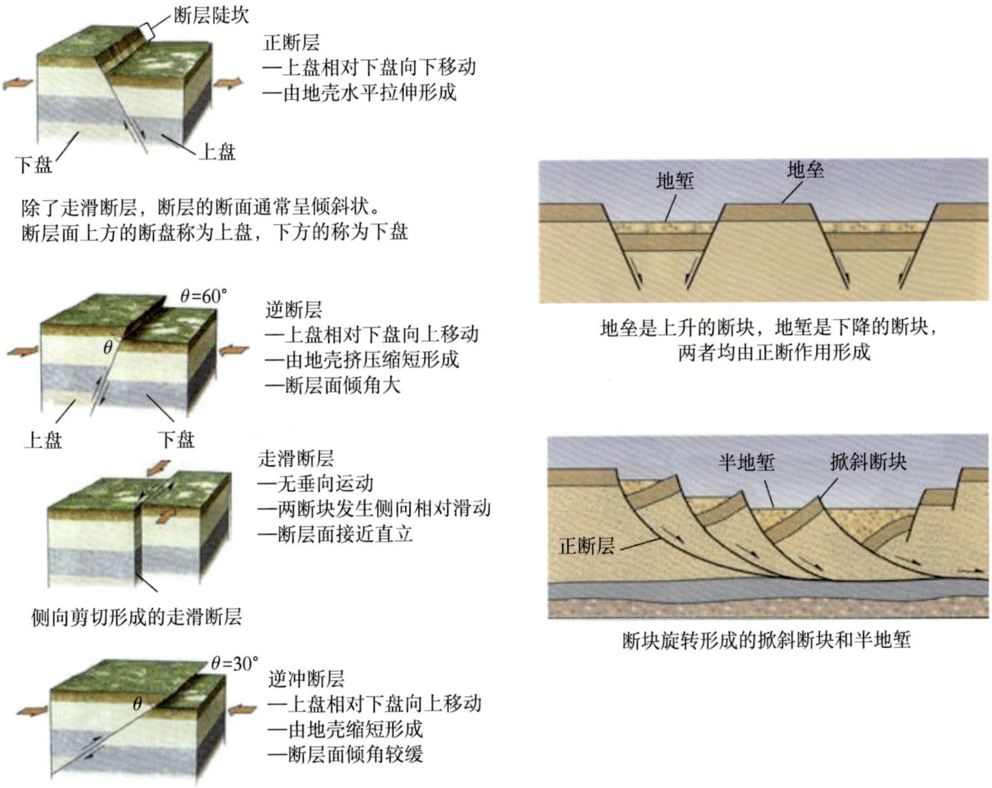

图 1.72　断层的类型、术语及伴生构造（据 Marshak，2001，2005）

图 1.73　露头中的正断层

图 1.74　露头中的逆断层

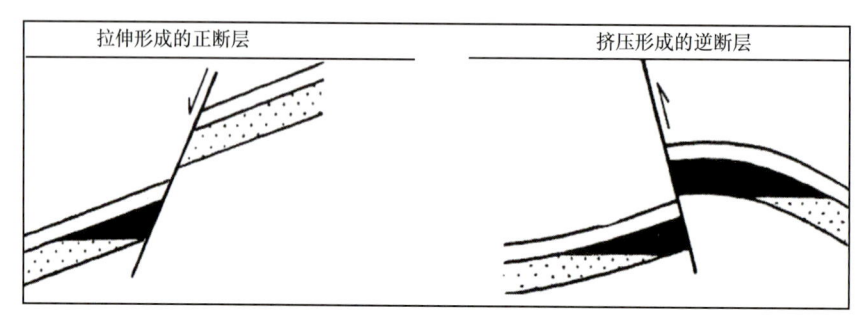

图 1.75　断层相关圈闭（据 Stoneley，1995）

正断层和逆断层均可形成圈闭，关键看渗透层（储层）与非渗透层的侧接是否能阻止油气的继续运移

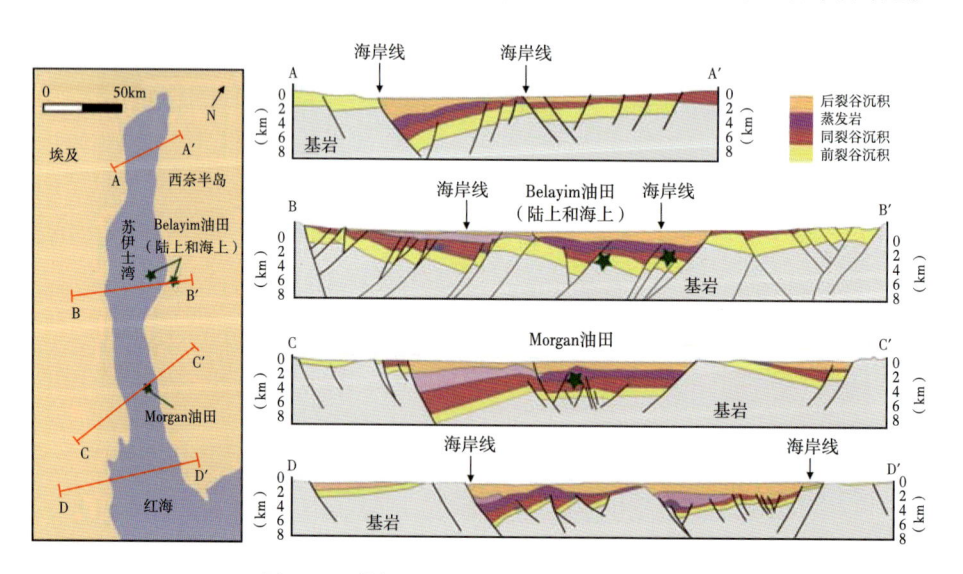

图 1.76　苏伊士湾地垒和掀斜断块油藏剖面

铲式断层是断面呈弯曲状的正断层（图1.77），因形成与沉积作用同步，故又称生长断层。由于在形成过程中持续接受沉积，铲式断层上盘的地层沿下沉方向增厚，断面倾角随深度增加而减小，断距随深度增加而增大。铲式断层的地层通常会向断面"滚动"回倾形成系列背斜。因"滚动"轴的位置随深度变化，这些背斜的脊线在垂向上依次错开。此类断层通常分布于厚层的三角洲层序中，如尼日尔三角洲，其丰富的油气即与滚动背斜圈闭相关。

走滑断层的断块以侧向移动为主，几乎不发生垂向移动，故其断面通常呈直立状（图1.72）。

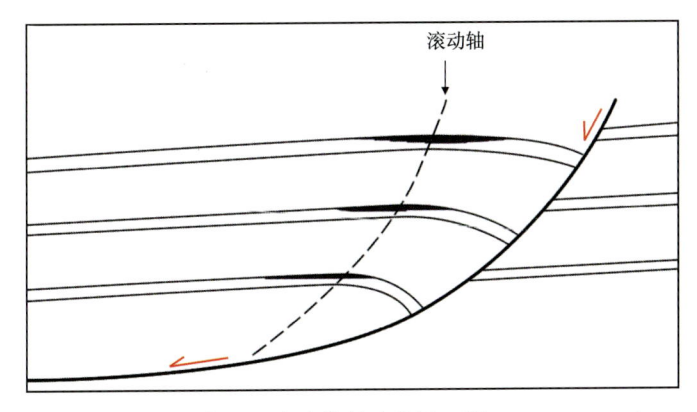

图1.77 铲式断层及滚动背斜示意图（据Stoneley，1995）

1.14.3 逆冲推覆构造

逆冲推覆构造特指低角度大位移逆断层。全球多地都有逆冲推覆构造油气圈闭分布，如西加拿大盆地的Turner Valley油田（图1.78），其逆冲推覆构造位移量达1600m。

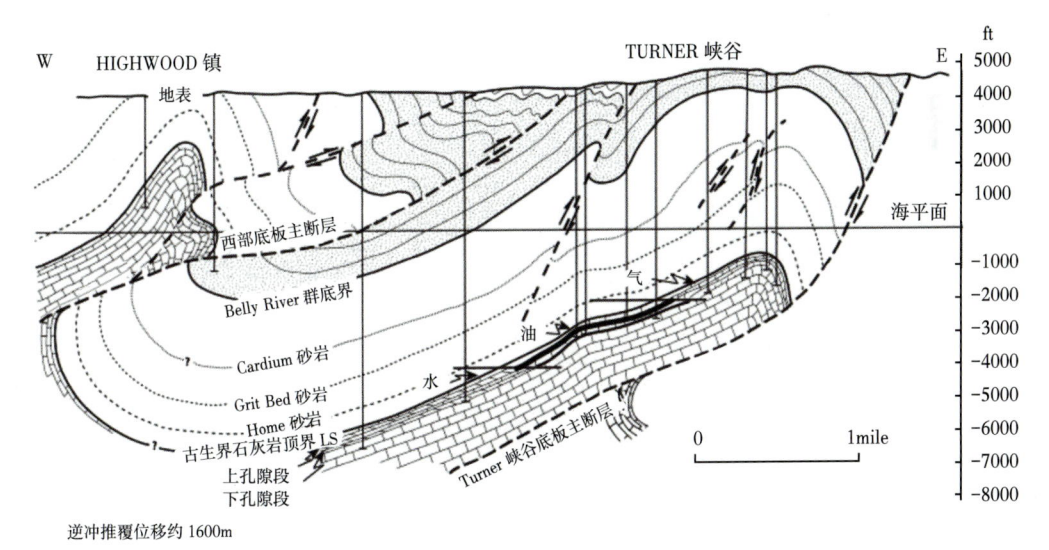

图1.78 西加拿大盆地Turner Valley油田的逆冲推覆构造及油气藏剖面（据Levorsen，1967修改）

1.14.4　盐相关构造

蒸发岩性质独特，在应力作用下易发生塑性流变和流动。由其形成的塑变流体会从高应力区流向低应力区，从而导致岩层厚度在短距离内发生剧烈变化。具有这种特性的岩层称为"非能干"岩层，它们不同于在应力作用下只发生褶皱弯曲或断裂而不发生厚度变化的"能干"岩层，如砂岩、石灰岩和白云岩。

盐岩塑变流动一旦触发，就会形成盐构造。最早形成的盐构造通常是盐拱或盐枕，若盐物质供给充足，它们会继续生长并刺穿上覆地层，甚至到达地表，形成盐底辟、刺穿盐丘、盐栓或盐墙等（图1.79）。这些构造统称盐相关构造，其形成过程称为盐底辟作用。

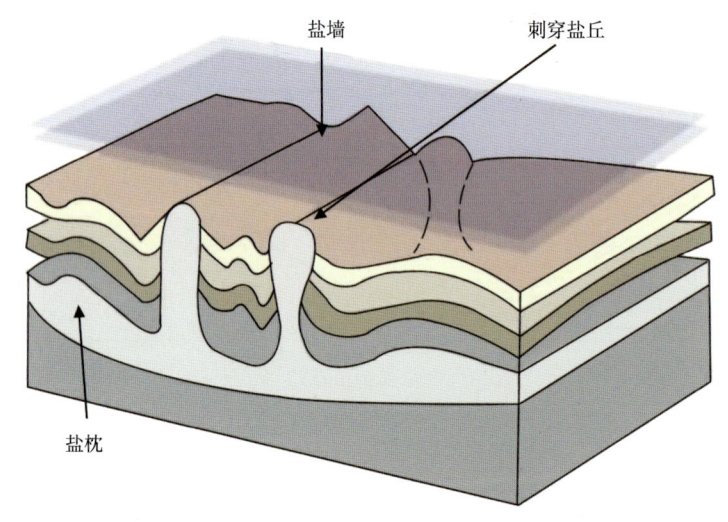

图1.79　盐相关构造示意图（据英国海上作业者协会，修改）

盐的密度（2.03g/cm³）明显低于一般的沉积岩，如砂岩（主要由密度为2.65g/cm³的石英组成）、石灰岩（由密度为2.71g/cm³的方解石组成）和白云岩（由密度为2.87g/cm³的白云石组成）。这种密度差会产生浮力并有助于盐物质上涌，甚至使盐体刺穿上覆的沉积层。

盐相关构造可形成多种油气圈闭，详见第4章。

参 考 文 献

Aqrawi, A. M. A., Goff, J. C., Horbury, A. D. et al. (2010). The Petroleum Geology of Iraq, Scientific Press, UK.

Bhattacharya, J. P. (2006). Applying Deltaic and Shallow Marine Outcrop Analogs to the Subsurface, Search and Discovery Article #40192.

Brew, G. (2001). Tectonic evolution of Syria interpreted from integrated geophysical and geological analysis, unpublished PhD dissertation, Cornell University, Ithaca, NY.

Cochise College Virtual Geology Museum (2011). Available online at: http://skywalker.cochise.edu/wellerr/rocks/sdrx/limestone13.htm.

Flint, R. F. and Skinner, B. J. (1974). Physical Geology, John Wiley, New York.

GEO EXPro (2008). AMinute to Read, 5 (4), 14-18.

Fox, A. F. (1964). The World of Oil, Pergamon Press, Oxford.

Guscott, S., Russell, K., Thickpenny, A. and Poddubiuk, R. (2003). "The Scott Field, Blocks 15/21a, 15/22, UK North Sea", in Gluyas, J. G. and Hichens, H. M. (eds.), United Kingdom Oil and Gas Fields Commemorative Millennium Volume Geological Society Memoir 20, The Geological Society Publishing House, Bath, England.

Harbaugh, J. H. (1965). "Carbonate Reservoir Rocks", in Chillingar, G. V., Bissell, H. J. and Fairbridge, R. W. (eds.), Carbonate Rocks, Elsevier Publishing Company, London, UK.

Henriksen, N. (2008). Geological History of Greenland, Geological Survey of Denmark and Greenland (GEUS), Copenhagen, Denmark.

Holmes, A. (1965). Principles of Physical Geology, 2nd Edition, Nelson & Sons.

Hull, C. E. and Warman, H. R. (1970). "Asmari Oil Fields of Iran", in Halbouty, M. T. (ed.), Geology of Giant Petroleum Fields, AAPG, Tulsa, OK.

Krumbein, W. C. and Sloss, L. L. (1963). Stratigraphy and Sedimentation, W. H. Freeman, San Francisco.

Levorsen, A. I. (1967). Geology of Petroleum, 2nd Edition, W. H. Freeman, San Francisco.

Marshak, S. (2001). Earth: Portrait of a Planet, W. W. Norton, New York, NY.

Marshak, S. (2005). Earth: Portrait of a Planet, 2nd Edition, W. W. Norton, New York, NY.

Murck, B. W. and Skinner, B. J. (1999). Geology Today: Understanding Our Planet, John Wiley & Sons, New York, NY.

Schofield, N. (2015). Volcanic Rocks and the Petroleum System West of Shetlands (WoS), PESGB Magazine, January, 7-9.

Sellwood, B. W. (2007). Terrigenous Clastic Reservoir Rocks, Department of Earth Science and Engineering, Imperial College London, UK.

Stoneley, R. (1995). An Introduction to Petroleum Geology for Non-Geologists, Oxford University Press, Oxford, UK. The Rock Cycle (1992). Available online at: http://www.manitoba.ca/iem/min-ed/kidsrock/origins/images/rockcycle.png.

UKOOA. United Kingdom Offshore Oil Operators Association, now Oil & Gas UK.

2 油气分布的控制因素

2.1 油气形成主控因素

油气田是具有商业价值的烃类聚集场所。石油和天然气的聚集通常需要经历生成、运移和聚集三个过程。烃类首先生成于烃源岩，然后从烃源岩层中运移出来并聚集于渗透性储层。油气的聚集还需要满足两个条件：一是储层中存在圈闭，二是储层被非渗透性盖层遮挡，这样才能阻止油气继续向上运移。因此，形成于特殊地质条件下的烃源岩、储层、圈闭和盖层是油气田分布的主控因素。

2.2 控制油气分布的地质要素

2.2.1 烃源岩

烃源岩通常指在自然条件下，已为具商业价值油气藏的形成生成并排出充足油气的细粒沉积岩，其所含有机质含量一般应不低于岩石总重量的2%，其原始沉积物通常是沉积于低能、缺氧环境的黏土或富有机质的碳酸盐岩泥。

温度是烃源岩生烃的主控因素。当温度升高到门限温度时，烃源岩中的有机质（干酪根）进入成熟阶段并开始大量转化为石油。要达到生烃的门限温度，烃源岩的埋深必须达到门限深度。

2.2.2 储层

油气储层是与成熟烃源岩有联系的渗透性岩层。砂岩或碳酸盐岩是最为常见的储层，火成岩和变质岩仅在特定条件下成为储层。

2.2.3 圈闭

圈闭是处于特殊状态的储层，该状态下油气停止继续运移并聚集其中。圈闭既可由储层弯曲变形形成（构造圈闭），也可由储层侧向岩性变化形成（地层圈闭），还可由构造叠加岩性变化形成（复合圈闭），但其形成必须早于油气运移才是有效圈闭。

2.2.4 盖层

盖层是上覆于储层，对油气的散失或进一步向上运移起遮挡作用的非渗透性地层。蒸发岩和页岩是最好的盖层。

2.3 沉积盆地

2.3.1 定义和成因

沉积盆地是地壳中含有巨厚沉积层的坳陷，通常由软流圈物质上涌引起的岩石圈（或地壳）减薄或伸展形成。沉积盆地与油气联系紧密，其分布（图2.1）决定了全球油气分布。

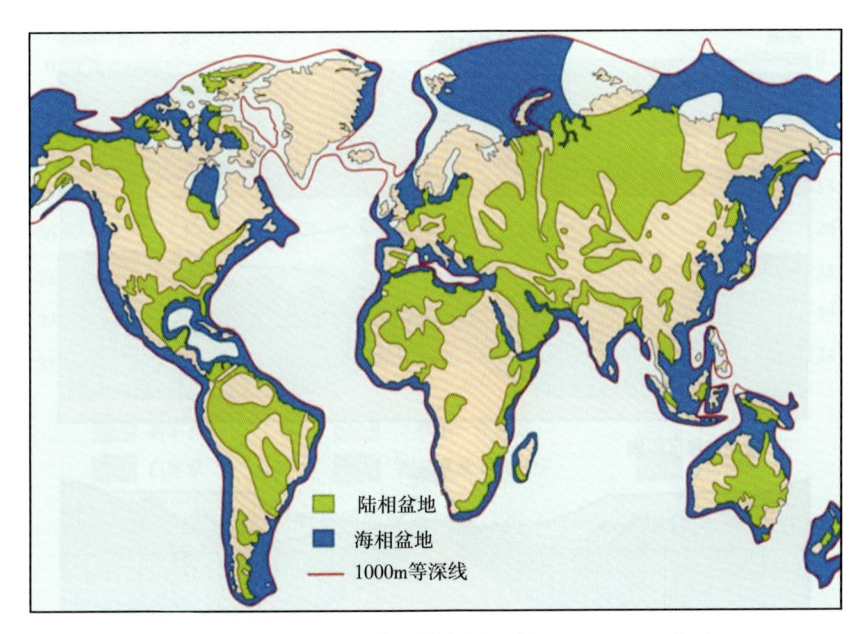

图 2.1　全球主要沉积盆地分布图（据 Kirby，1977 修改）

伸展作用会引发地壳拉张，进而导致地表沉降和裂陷。裂陷时，岩石圈受上涌的软流圈物质加热影响会持续减薄，如现今正处于盆地演化初始裂陷阶段的东非大裂谷（图 2.2）。裂陷停止后，冷却过程中伴随的地层厚度和密度增大会使岩石圈下沉，从而促使地表不断沉降（图 2.3）。盆地的沉降量包括机械张裂引发的沉降量、沉积负载产生的沉降量和热沉降量（图 2.4）。以北海盆地为例，受软流圈物质上涌影响，岩石圈在二叠纪发生拉伸和裂陷，沉积盆地随之形成（图 2.5）。该盆地侏罗纪的张裂作用最强，促成了盆地中部沿南北向分布的维京大地堑体系形成。北海盆地大部分油田都分布于该地堑体系内，油气通常聚集于地垒和掀斜断块圈闭内。

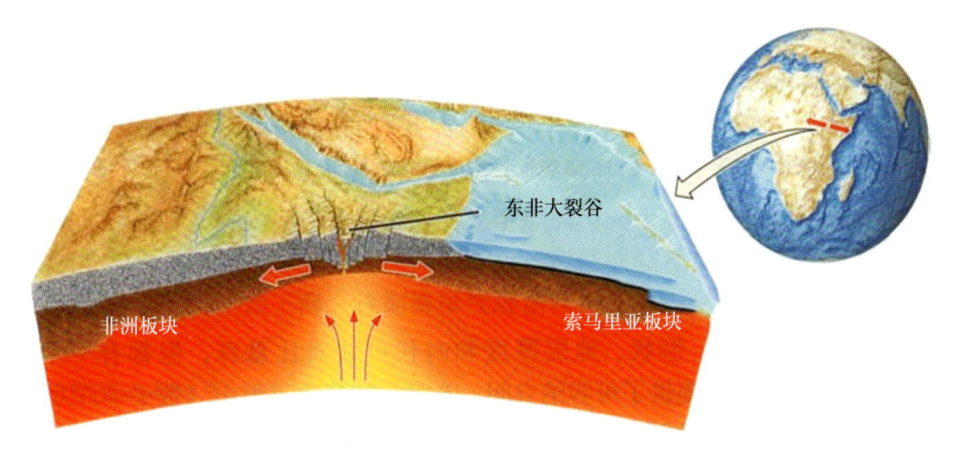

图 2.2　处于盆地演化初始阶段的东非大裂谷（据 Sellwood，2007）

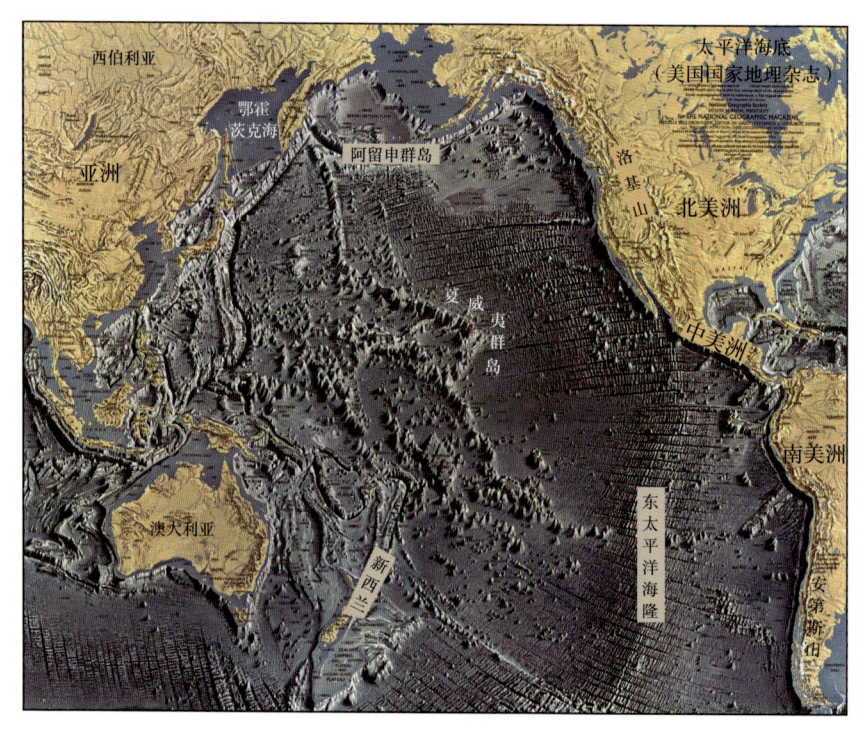

图 2.13　太平洋洋脊—海沟系统（据美国国家地理杂志，1981）

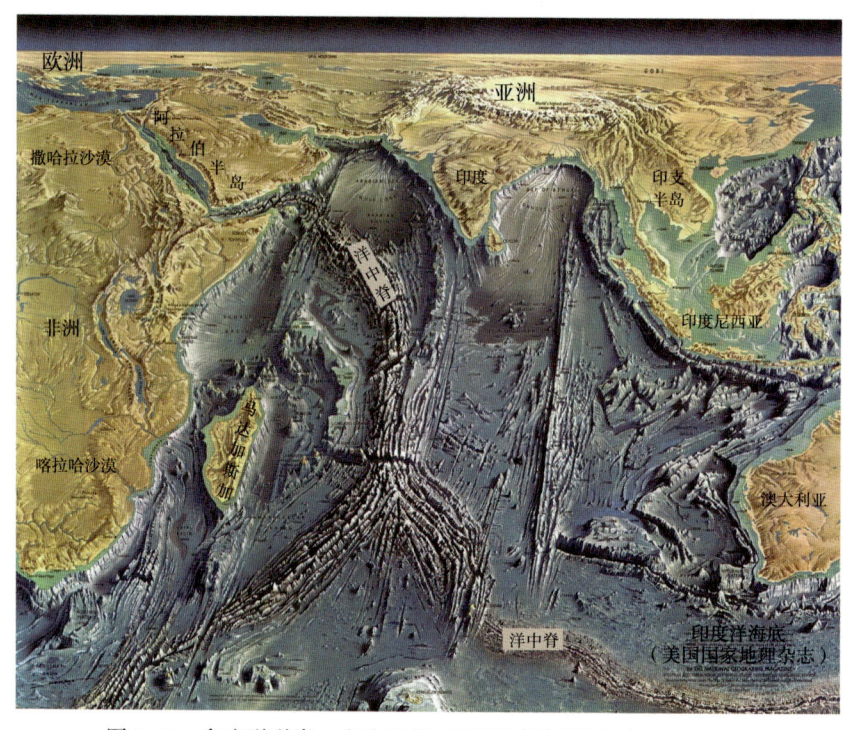

图 2.14　印度洋洋脊—海沟系统（据美国国家地理杂志，1967）

图 2.15　北冰洋洋脊系统（据美国国家地理杂志，1971）

制是岩浆沿洋脊增生或侵出形成新的大洋岩石圈，使得洋脊两侧板块相背运动，海底不断扩张（图 2.16）。这种扩张作用是大陆漂移的驱动机制之一。

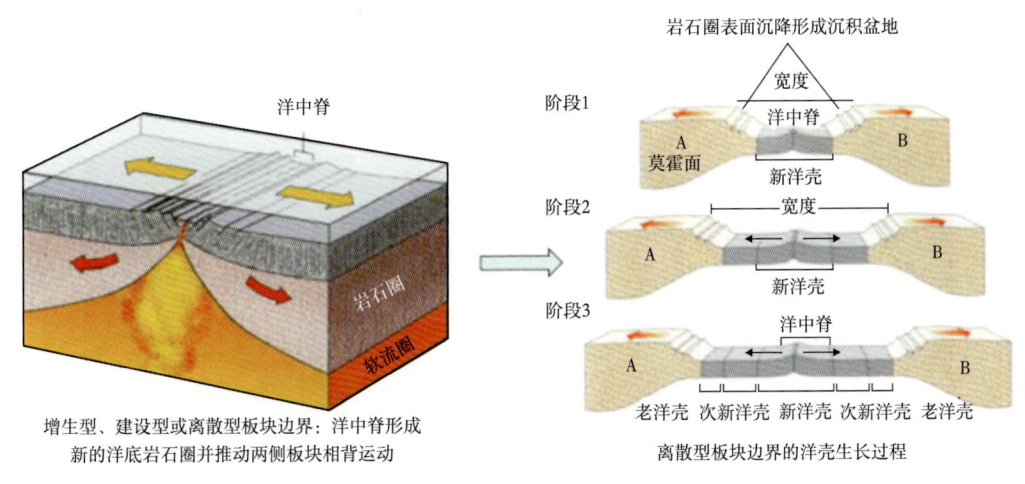

图 2.16　离散型板块边界作用机制（据 Marshak，2005）

冰岛的地理位置十分独特，横跨于大西洋洋中脊，这使其成为唯一可以在地表观察和研究大西洋海底板块边界作用机制的地方，但也使岛上居民饱受火山频发之苦。冰岛中部

前述离散型板块边界的洋脊沿线也有火山活动,但其成因与板块俯冲无关。受俯冲洋壳拖曳,此类板块边界陆缘岩石圈会发生沉降并被沉积物充填,进而形成一类特殊的沉积盆地——活动大陆边缘盆地。因靠近火山活跃带,该类沉积盆地的地温梯度偏高,属于"热"盆,如东南亚的一些盆地。

③转换型边界。该类边界既无板块增生,也无板块消减,相邻板块仅做剪切错动(图2.21)。美国加利福尼亚州的圣安德列斯断层是陆上最著名的边界转换断层(图2.22),洛杉矶和旧金山频发的地震即由其错动产生。该转换断层是北东—南西向分布的东太平洋海岭扩张洋脊在北美陆内的延伸,在向北延伸至内陆之前,其活动方式在加利福尼亚湾由扩张转变为走滑。

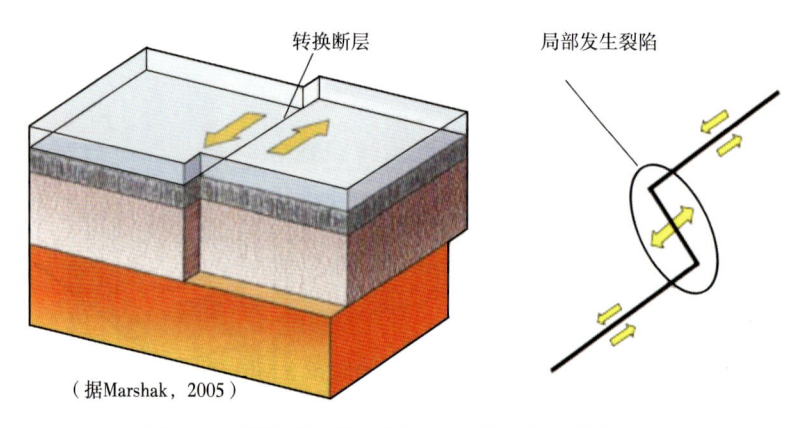

图 2.21 转换型边界上断层转换带局部的裂陷作用

尽管两侧板块的运动以水平运动为主,但是转换型边界的断层转换带局部仍可发生裂陷作用,从而形成沉积盆地(图 2.21)。因远离火山活跃带,此类盆地的地温梯度偏低,

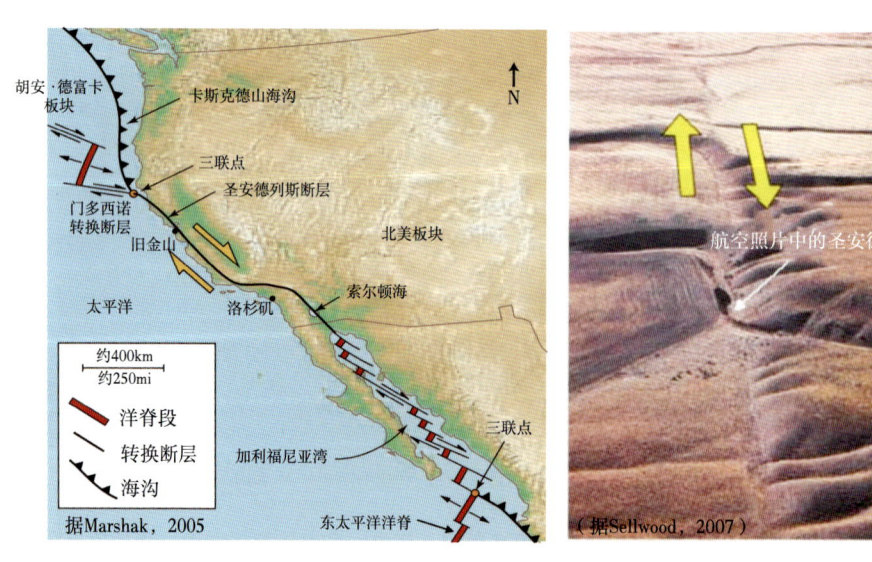

图 2.22 转换边界断层实例——圣安德列斯断层

该断层是东太平洋洋脊在北美内陆的延伸,在向北延伸至内陆之前,其活动方式在加利福尼亚湾由扩张转变为走滑

如美国加利福尼亚州富含油气的洛杉矶盆地和文图拉盆地。在德州大油田被发现之前，这两个盆地所处的加利福尼亚州在20世纪20年代曾是美国石油主产区。

2.4.2 板块构造与盆地属性

形成于不同板块构造背景的盆地特征差异明显：首先是盆地性质不同，离散型板块背景形成拉张盆地，聚敛型板块背景形成挤压盆地；其次是热流值不同，离散型和转换型板块构造背景热流值偏低，聚敛型板块构造背景热流值偏高；最后是盆地充填的岩性、烃源岩成熟的门限深度和烃类的性质也不相同，低温背景生成的烃类以重质油为主，高温背景则以轻质油和干气为主。

2.4.3 化石动物群、化石植物群及其他地质特征

现今，重洋相隔的大陆生活着不同的动植物群，但不同大陆之间的化石动物群、化石植物群，以及一些特殊的地质建造却有着惊人的相似。这种相似性不太可能由物种远涉重洋造成，更可能是因为现今大陆在远古时代曾是一个超级大陆。在重建的超级大陆中，现今不同大陆之间的化石匹配良好（图2.23），一些独特的岩体也可以很好地拼合在一起（图2.24）。现今的大陆很可能由超级大陆解体并发生漂移形成，因此大陆漂移学说与海底扩张理论一样，均可归入板块构造学的范畴。

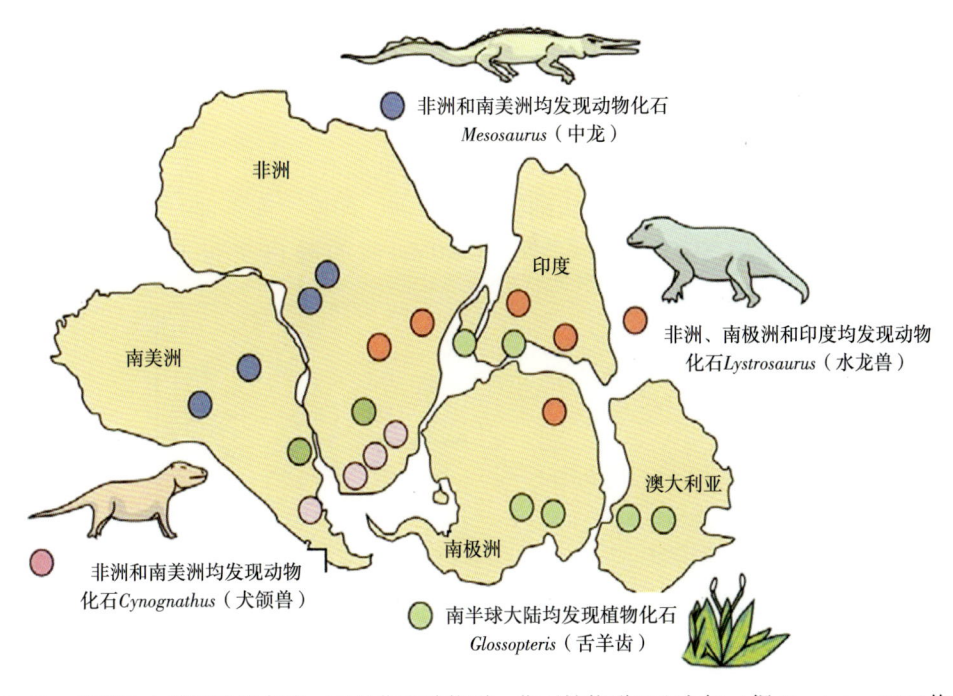

图2.23 重建的大陆漂移前古陆，可见化石动物群、化石植物群匹配良好（据Marshak，2005修改）

2.4.4 板块构造与造山作用

当向陆壳俯冲的扩张洋壳消亡殆尽时，仰冲于洋壳两侧的陆壳将聚敛并发生碰撞。因密度低，所受浮力大，陆壳在相互碰撞过程中不会发生俯冲并沉入下伏的地幔，而是将其间的岩石和沉积物强烈挤压、推覆、褶皱成山。该陆陆碰撞拼合的地带也称为缝合带。

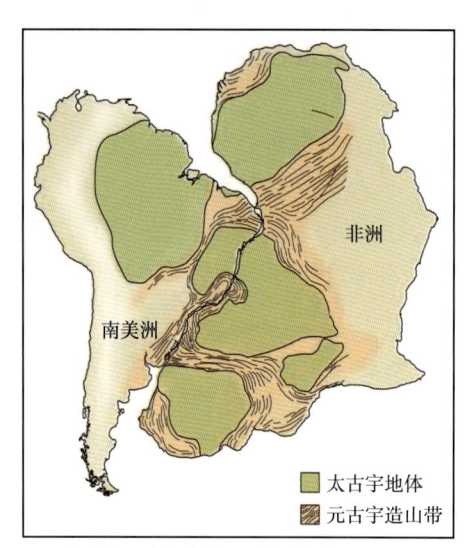

太古宇：前寒武系中最古老的地层
元古宇：前寒武系中较年轻的地层
一些独特的地质建造可以很好地拼在一起，说明南美洲和非洲曾是一体

拼接大西洋两岸，可以很好地将位于北美、格陵兰岛、欧洲和西北非年龄相仿的造山带（棕色所示）拼合在一起（据Marshak，2005）

图 2.24 大陆漂移前的古陆地质特征
现今大西洋两岸大陆间的一些地质特征在古陆中匹配良好（据 Marshak，2005）

这种造山作用贯穿于整个地史时期，例如形成时间较晚的阿尔卑斯—喜马拉雅造山带。大约在 200Ma 前的晚三叠世，冈瓦纳大陆分裂成非洲、印度、南美洲、澳大利亚和南极洲（图 2.25）。其中，印度和非洲板块大约在 70Ma 前的晚白垩世开始快速向北漂移

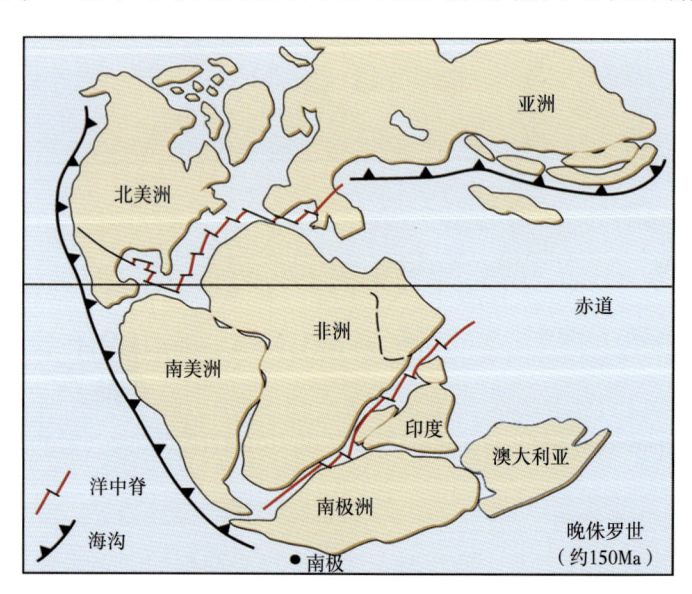

图 2.25 晚侏罗世冈瓦纳大陆（含南美、非洲、印度、澳大利亚和南极洲等）古地理格局（据 Marshak，2005）

（图 2.26），并在 40Ma~50Ma 前分别撞向欧亚板块，前者碰撞形成喜马拉雅山脉，后者碰撞形成阿尔卑斯山脉。这是地史上一次重大的构造事件，结果是形成东起东南亚，西抵欧洲和北非的造山带（图 2.27）。

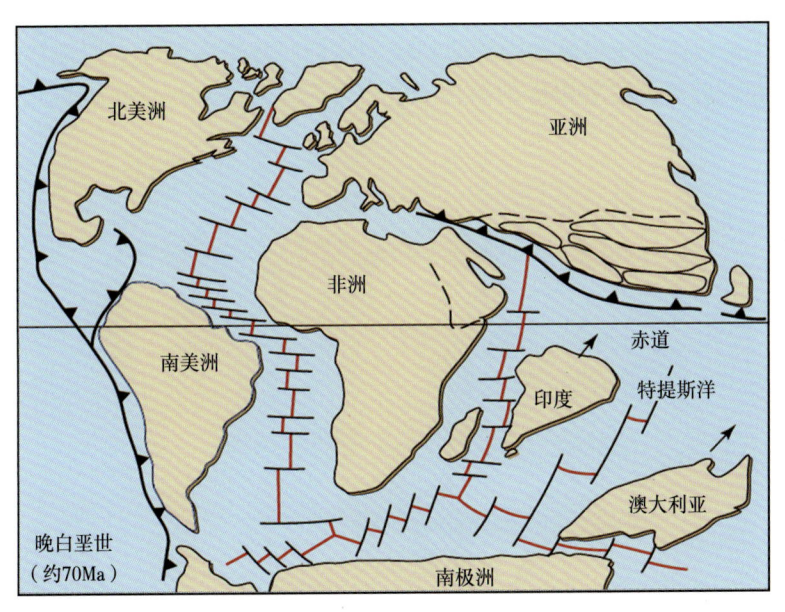

图 2.26 晚白垩世全球大陆位置复原图（据 Marshak，2005）

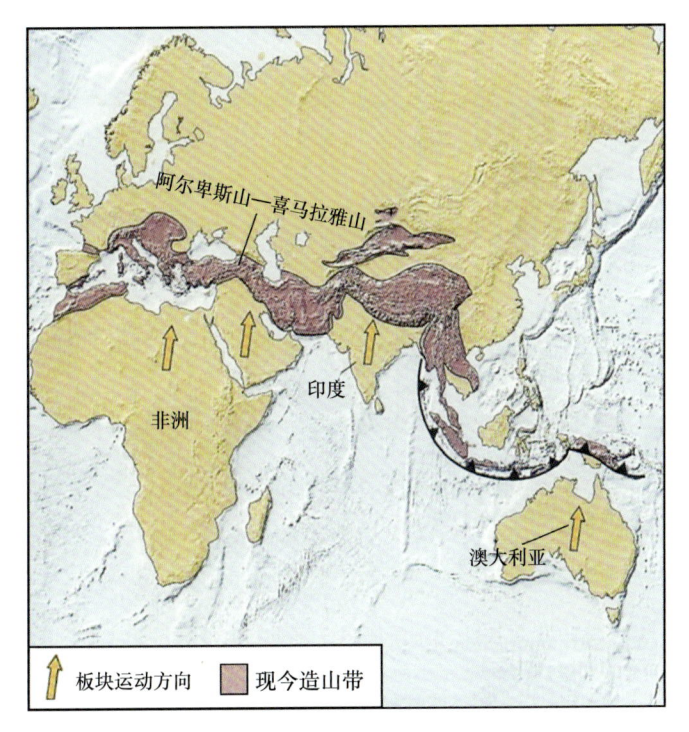

图 2.27 阿尔卑斯—喜马拉雅造山带（据 Marshak，2005）

离散的大陆最终将聚敛碰撞形成超级大陆,超级大陆终将解体形成离散的陆块,这就是超级大陆旋回(图2.28)。这种旋回在地史时期曾多次发生,周期约为500Ma。现今各个大陆即由盘古大陆在早三叠世分裂形成的陆块漂移形成。据推测,它们将于250Ma之后碰撞形成类似于盘古大陆的新超级大陆。

尽管超级大陆仅存在于想象之中,但超级大陆旋回理论有助于人们理解地球的演化过程。科学家正在对地球长达750Ma的演化史进行研究,同时利用计算机对其遥远的未来进行模拟。

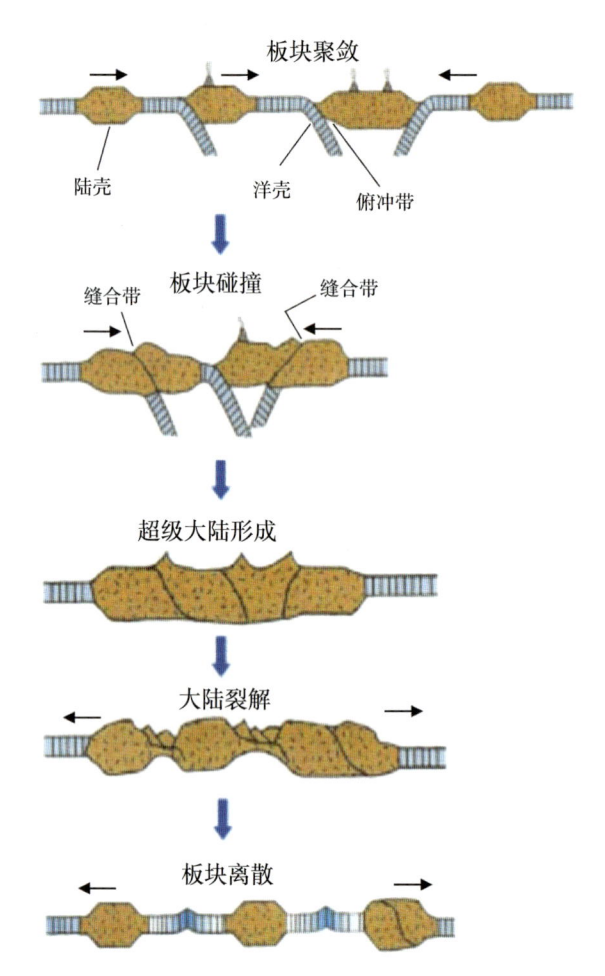

图2.28 超级大陆旋回示意图(据Marshak,2005)

参 考 文 献

Allen, P. A. and Allen, J. R. (2005). Basin Analysis: Principles and Applications, 2nd Edition. Blackwell Publishing, London, UK.

Arctic Ocean Floor Map (1971). National Geographic Magazine. Available at: http://www.natgeomaps.com/arctic-ocean-floor-map.

Atlantic Ocean Floor Map (1968). National Geographic Magazine. Available at: http://www.natgeomaps.com/atlantic-ocean-floor-map.

Beydoun, Z. R. (1991). Arabian plate hydrocarbon geology a plate tectonic approach. AAPG Studies in Geology, No. 33.

Catuneanu, O. (2006). Principles of Sequence Stratigraphy. 1st Edition. Elsevier Scientifc Publishing Company, London, UK.

Chapman, R. E. (1977). "Petroleum exploration and development", in Our Industry Petroleum. British Petroleum Company Ltd, London, UK.

Indian Ocean Floor Map (1967). National Geographic Magazine. Available at: http://www.natgeomaps.com/indian-ocean-floor-map.

Kirby, B. E. (1977). "Oil producing countries of the world", in Our Industry Petroleum. British Petroleum Company Ltd, London, UK.

Konert, G., Afifi, A. M., Al-Hajri, S. A. et al. (2001). Paleozoic stratigraphy and hydrocarbon habitat of the Arabian plate. Pratt II Conference, AAPG, Tulsa, OK.

Marshak, S. (2005). Earth: Portrait of a Planet. 2nd Edition. W. W. Norton, New York, NY.

Pacific Ocean Floor Map (1983). National Geographic Magazine. Available at: http://www.natgeomaps.com/pacific-ocean-floor-map.

Sellwood, B. W. (2007). Plate Tectonics, Basins and Heat. Department of Earth Science and Engineering, Imperial College, London.

Ziegler, P. A. (1990). Geological Atlas of Western and Central Europe. 2nd Edition. Shell International Petroleum Maatschppij B. V., The Netherlands.

3 石油的化学组分

3.1 概述

石油（包括原油和天然气）是一种复杂的多组分混合物，几乎完全由烃类化合物组成，但也含有少量非烃类化合物。其中，烃类化合物包括烷烃、烯烃、环烷烃和芳香烃；非烃类化合物包括含氮、含氧和含金属化合物，以及含硫化合物。尽管碳的化合价都为 4，氢的化合价都为 1，但这些化合物含量的差异直接决定了石油的物理性质，包括密度、黏度和凝固点等。这些化合物的基本特征见后述。

欧洲使用 SG（比重）来度量原油的密度，美国和英国则使用美国石油学会制定的重度标准 API 度。API 度和 SG 存在如下关系：

$$1 \text{ API 度} = (141.5/\text{SG}❶) - 131.5 \tag{3.1}$$

据上式可知，API 度越高，原油的密度越小，黏度越低，原油品质越好。因此，密度范围是 0.8~1.0g/mL 的原油，其 API 度的范围是 45°~10°。

根据密度或 API 度可简单将原油划分成轻质油、中质油、重质油和超重油四类（表 3.1）。

表 3.1 各种原油的 API 度范围

类别	API 度
轻质油	>31.1°
中质油	22.3°~31.1°
重质油	10°~22.3°
超重油	<10°

3.2 烷烃

烷烃通常指直链的饱和烃，是天然气和原油中最为常见的烃类。其分子通式为 C_nH_{2n+2}，式中碳原子都以单键相连。

烷烃的密度、黏度和沸点随着碳原子数增大而上升。在室温条件下，含有 1~4 个碳原子的烷烃为气体，含有 5~15 个者为液体，超过 15 个者为固体（蜡）。低分子量烷烃及其特征见表 3.2，其中，甲烷（CH_4）是最简单的烷烃。

根据是否带支链，可将分子式相同的烷烃分为不带支链的正构烷烃（n-paraffins）和带支链的异构烷烃（图 3.1）。这两种烷烃互为同分异构体。尽管分子式相同，但因原子的空

---

❶ SG 是 15.55℃时原油的密度。

间排列不同，互为同分异构体的烷烃通常具有不同的物理和化学性质，如正构烷烃的沸点明显高于异构烷烃。

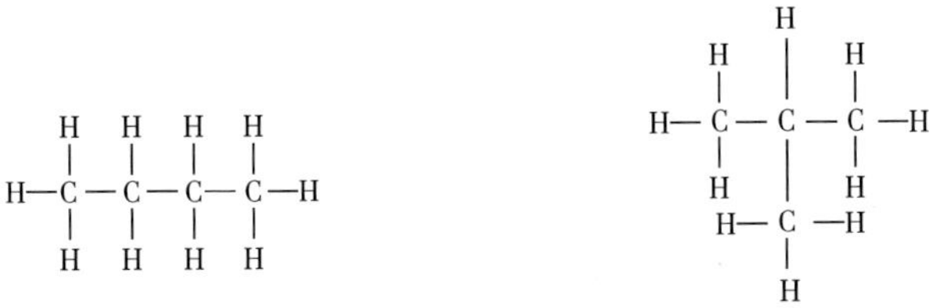

正构丁烷　　异构丁烷

图 3.1　正构丁烷（C_4H_{10}）与异构丁烷的分子结构及差异

表 3.2　低分子量烷烃

名称	化学式	分子结构	室温条件下的物态
甲烷	CH_4	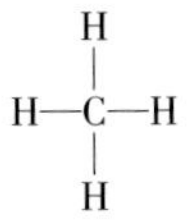	气态
乙烷	C_2H_6	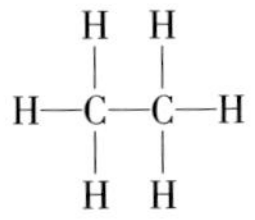	气态
丙烷	C_3H_8	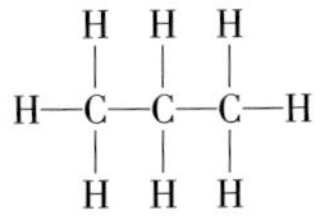	气态
丁烷	C_4H_{10}	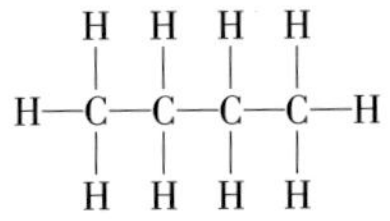	气态
戊烷	C_5H_{12}	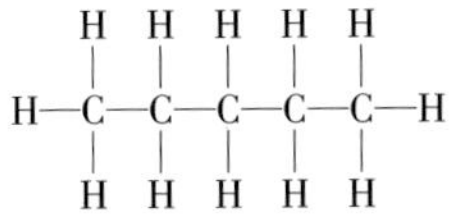	液态
己烷	C_6H_{14}	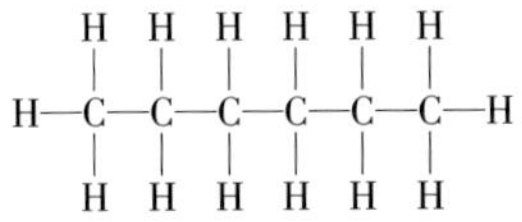	液态

3.3　烯烃

烯烃通常指直链的不饱和烃，在石油中仅占少数。其分子通式为 C_nH_{2n}，式中至少含有一个碳碳双键（图 3.2）。

乙烯　　　　　　　C₂H₄

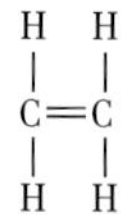

丙烯　　　　　　　C₃H₆

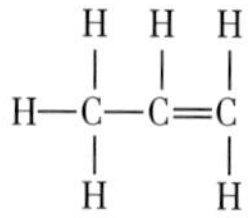

丁烯　　　　　　　C₄H₈

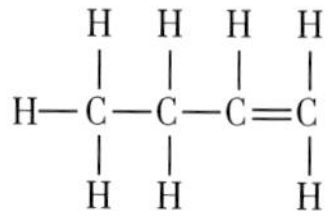

图 3.2　低分子量烯烃

烯烃的物理性质与烷烃接近。在室温条件下，碳数低的乙烯、丙烯和丁烯为气体；碳数为 5~16 的烯烃为液体；碳数超过 16 个者为固体（蜡）。烯烃也有同分异构体，如正构丁烯和异构丁烯（图 3.3）。

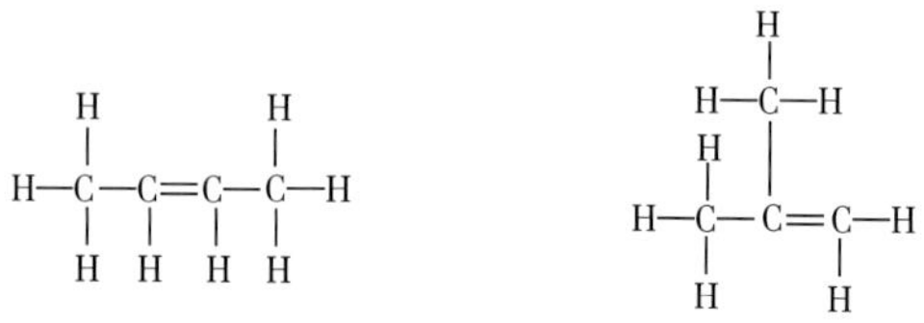

正构丁烯　　　　　　　异构丁烯

图 3.3　正构丁烯（C_4H_8）和异构丁烯的分子结构及差异

3.4　环烷烃

环烷烃为闭环的饱和烃，是石油及石油产品的重要组分。其分子通式是 C_nH_{2n}，最简单的是环丙烷（C_3H_6）。环戊烷（C_5H_{10}）和环己烷（C_6H_{12}）（图 3.4）是原油中最为常见的环烷烃。

在室温条件下，单环环烷烃几乎都为液体，仅碳数<5 者为气体。

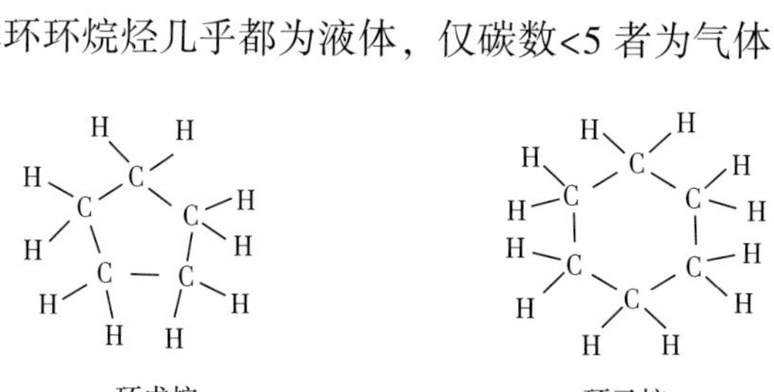

环戊烷　　　　　　　环己烷

图 3.4　环戊烷（C_5H_{10}）和环己烷（C_6H_{12}）的分子结构及差异

3.5 芳香烃

芳香烃是闭环的不饱和烃，在石油中大量存在，但总量一般不超过 15%。其分子通式是 C_nH_{2n-6}，最简单者是苯（C_6H_6）。在室温条件下，苯是无色、易挥发的液体。

苯环（C_6H_6）是原油芳香烃组分的基本结构单元（图 3.5），环内碳碳单键和碳碳双键交替分布，6 个碳原子分别连接一个氢原子。苯环可相互稠合形成不同的芳香族化合物，其中，稠合指两个或两个以上的苯环以共用两个相邻碳原子的方式连接（图 3.6）。

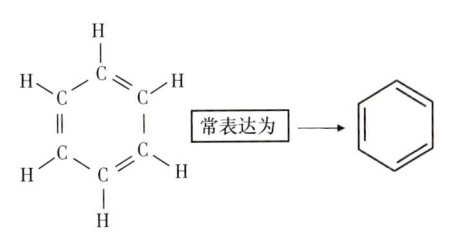

图 3.5 苯环（C_6H_6）分子结构

萘（$C_{10}H_8$）　　蒽（$C_{14}H_{10}$）　　苯并蒽（$C_{15}H_{12}$）

图 3.6 由两个或两个以上苯环相互稠合而成的芳香族化合物

3.6 含硫化合物

原油和天然气中硫组分的质量百分比通常介于 0.1%~5.5%，包括游离态的硫、硫化氢（H_2S）和含硫有机化合物。其中，硫化氢（H_2S）因具刺激性臭鸡蛋气味为人熟知。

含硫组分对石油有重要影响，一是增大石油开采和炼化的难度，因为所有含硫化合物都具腐蚀性和毒性；二是导致石油的品质恶化和价格下降。因此，低硫油气又称为"甜"油气，高硫油气则称为"酸"油气。

含硫组分对石油的密度也有显著影响，其含量超高，原油的密度越大，API 度越低（图 3.7）。例如，采自北海、北非、尼日利亚和宾夕法尼亚的低硫原油即为轻质油，采自墨西哥的高硫（3%~5%）原油即为重质油。

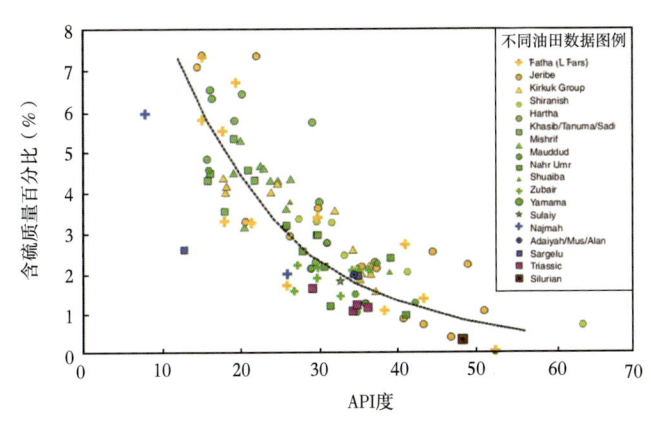

图 3.7 伊拉克不同油田原油硫组分与 API 度关系图
（据 Jassim & Al-Gailani, 2006; M. B. Al-Gailani, 2006）

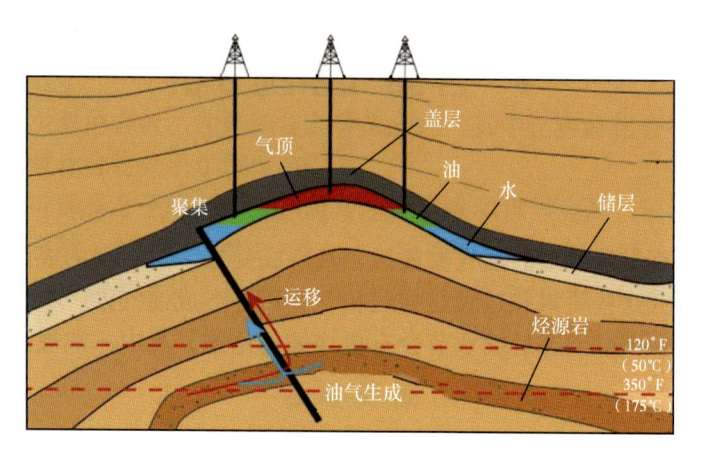

图 4.2 含油气系统成藏过程示意图

(3) 聚集是油气在圈闭中富集并形成油气藏的过程。

(4) 有效的成藏过程与要素时间匹配关系指圈闭形成应早于或不晚于油气的运移，否则圈闭为无效圈闭。

4.1.3 油气苗的意义

由于生成和运移过程太过缓慢，油气在未成藏之前无法到达地表形成油气苗。因此，油气苗不是直接来源于烃源岩，而是泄漏自现今或曾经的油气藏，其存在说明工区具备油气成藏的所有条件。这些条件包括：

(1) 所有的成藏要素，如烃源岩、储层、圈闭和盖层。

(2) 所有的成藏过程，如油气的生成、运移和聚集。

油气苗可分为活的和死的两类。前者是可在地表直接观察到的油气流，其存在传递了积极的信号，说明工区具有油气勘探潜力，如伊朗西南部水池中持续冒出的油泡（图 4.3）、

图 4.3 伊拉克西南部一处油苗，不断有油泡从水池冒出（照片据 M. Ala）

伊朗北部正在燃烧的气苗（图4.4）和北海海面持续上涌的天然气气泡（图4.5）。后者是出露于地表的重油或沥青，其存在说明工区曾有油气成藏，但无法指示油气藏现今的保存状态，如格陵兰岛北部侵染于砂岩中的沥青（图4.6）。

图4.4 伊拉克北部Kirkuk地区一处活的气苗，当地称为"永恒之火"（据Aqrawi等，2010）

图4.5 北海一处气苗，可见天然气泡持续冒出海面（据Cuddington & Lowther，1977）

图 4.6 格陵兰岛北部一处死油苗,可见侵染于砂岩的沥青（据 Henriksen,2008）

4.2 烃源岩与油气生成

烃源岩通常是极细粒的深色沉积物,因含有机质而呈深色,如页岩(图 4.7)和泥晶碳酸盐岩。有机质热成熟生成的烃类从烃源岩运移出来,并聚集于储层即形成常规油气田(图 4.8)。

图 4.7 英格兰东北部 Yorkshire 海岸下侏罗统富有机质页岩露头（照片据 M. Ala）

烃源岩中的有机质是油气生成的母质,这就要求沉积环境具备形成并保存富有机质沉积物的条件（图 4.8）。这些条件包括:

（1）沉积环境位于水下;

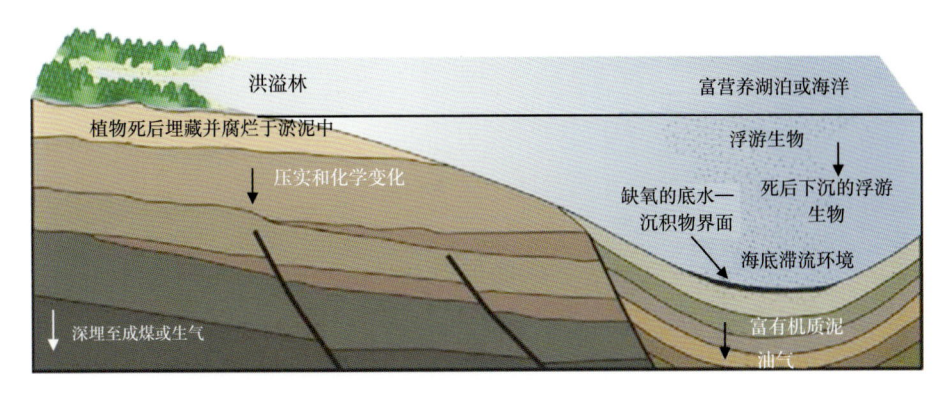

图 4.8 有机质沉积和保存条件示意图（据 UKOOA 修改）

（2）水体表层可为有机生命的繁盛提供充足氧气，因为有机质是油气的终极来源；

（3）海底水体滞流并足以使底水—沉积物界面处于缺氧状态，否则有机质将被氧化分解成二氧化碳和水。

海底滞流环境的典型特征是沉积环境局限，水体对流受限（图 4.9）。开展现代海底滞流环境研究有助于了解古代烃源岩的沉积环境。以现代的地中海和黑海为例，前者通过直布罗陀海峡与大西洋相连，后者通过博斯普鲁斯海峡与地中海相连。尽管两者均属于与开阔海连通受限的局限盆地，但两者水体的含氧量和有机质保存潜力差异巨大。直布罗陀海峡不能有效抑制盆内水体与广海海水之间的对流（图 4.10），而且盆地东端的蒸发作用引起的表层浓缩水体持续下沉促进了盆内水体的对流，这使地中海成为有机质保存潜力偏小的富氧盆地，故其不是古代烃源岩沉积环境的类比对象。相反，深度只有 27m 的博斯普鲁斯海峡可有效抑制盆内水体与地中海水体之间的对流，这使黑海成为持续沉积并保存富有

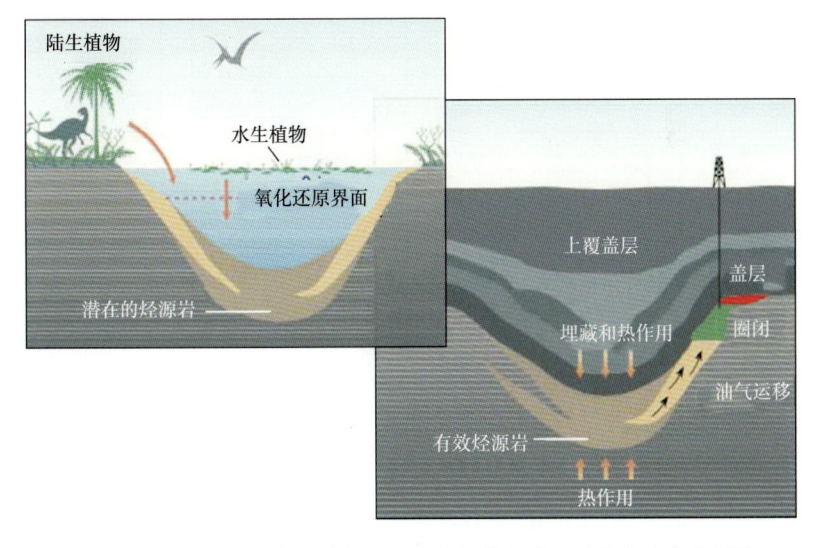

图 4.9 烃源岩的埋藏、受热，以及油气的生成、运移和成藏示意图
（据斯伦贝谢公司 AI-Hajeri 等，2009）

机质沉积物的缺氧盆地（图 4.11）。因此，黑海是理想的古代烃源岩沉积环境类比对象，可将其与晚白垩世大西洋中部的缺氧盆地（图 4.12）进行对比。

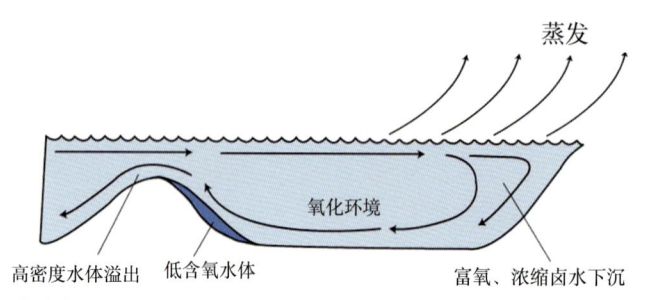

图 4.10　现代富氧盆地实例——地中海盆地，其有机质保存潜力小（据 Hunt，1995 修改）

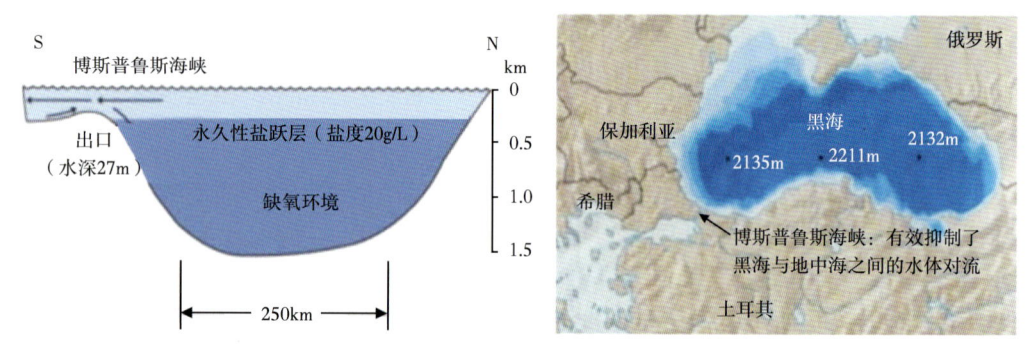

图 4.11　现代缺氧盆地实例——黑海盆地，其有机质保存潜力大

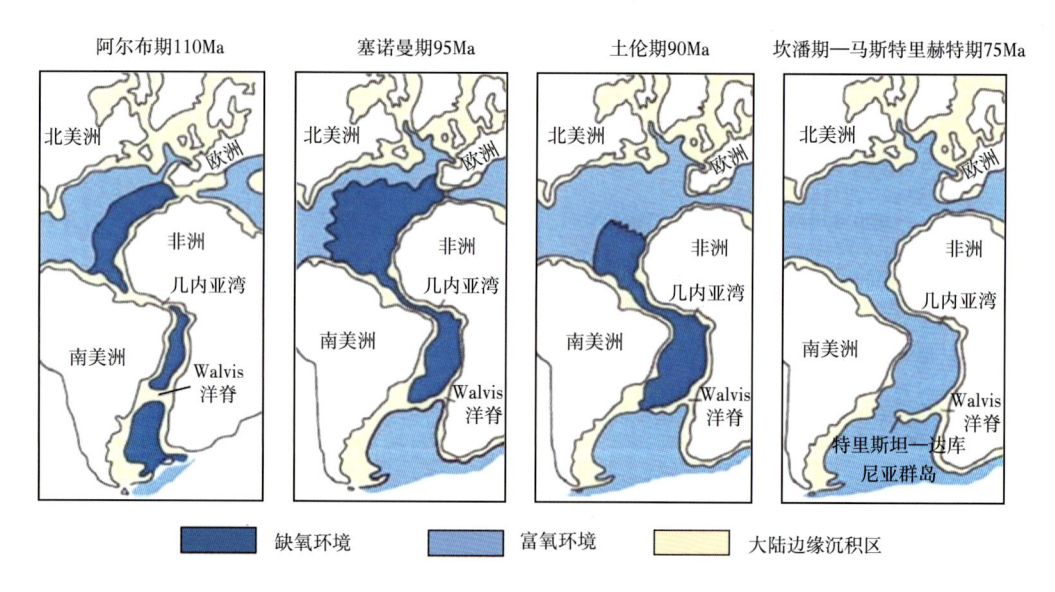

图 4.12　早白垩世非洲板块和南美洲板块之间广泛分布的缺氧盆，位于两板块相背漂离形成的局限内海（据 Brownfield & Charpentier，2006）

缺氧环境是有利的烃源岩沉积区，它们为大西洋两侧（非洲和南美洲）沿岸的含油气盆地提供了烃源岩

有机质在沉积物中通常呈条带状分布（图4.13），颜色越深者总有机碳（TOC）含量越高。不溶于有机溶剂的有机质称为干酪根。据估计，石油约80%~90%由干酪根热演化生成，其余的直接来自有机体。温度是干酪根热演化的主控因素，随着埋藏深度增大与温度上升，干酪根逐渐成熟并从黄色变为褐色（图4.14）。当温度上升至门限温度（通常为75~80℃），干酪根进入成熟阶段并开始大量生成烃类，直到耗尽。在热演化过程中，干酪根最早生成重质油，其次是轻质油，再次是湿气（含原油和天然气），最后是干气（图4.15、图4.16）。其中，生油的阶段称为生油窗，生气的阶段称为生气窗，两者重叠的区域称为湿气带。

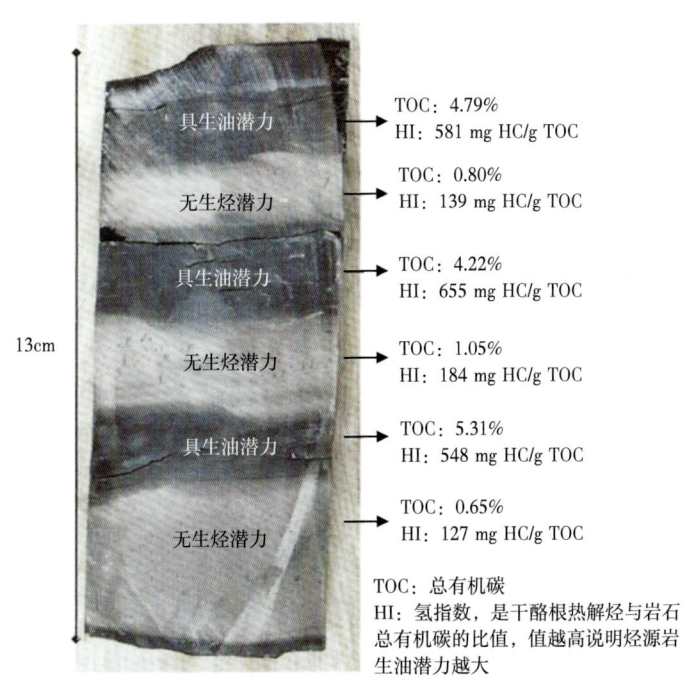

图4.13 泥岩岩心（取自越南海上）中呈条带状分布的有机质（据Petersen等，2014）

4.2.1 干酪根分类

干酪根可分成4类，各自特征简述如下：

（1）Ⅰ类干酪根主要源自藻类，具有很高的生油潜力，通常为湖相沉积（沉积于淡水湖泊）。

（2）Ⅱ类干酪根源自海相有机质（包括动物和植物），其生油潜力不如Ⅰ类，但仍是非常重要的烃类来源，也是全球最为常见的干酪根类型，如中东和北海北部的烃源岩。

（3）Ⅲ类干酪根源自腐殖型有机质（陆生植物物质），主要生成天然气，常见于三角洲相油气区。

（4）Ⅳ类干酪根来源不限，主要由惰质组构成，通常是发生过强烈氧化或二次埋藏的干酪根，几乎没有生油和生气潜力。

不同类型的干酪根有着不同的热演化过程。随着成熟度上升，干酪根最显著的变化是H/C和O/C比值逐渐下降。据此可用范氏图表征干酪根的类型及其热演化阶段（图4.17）。

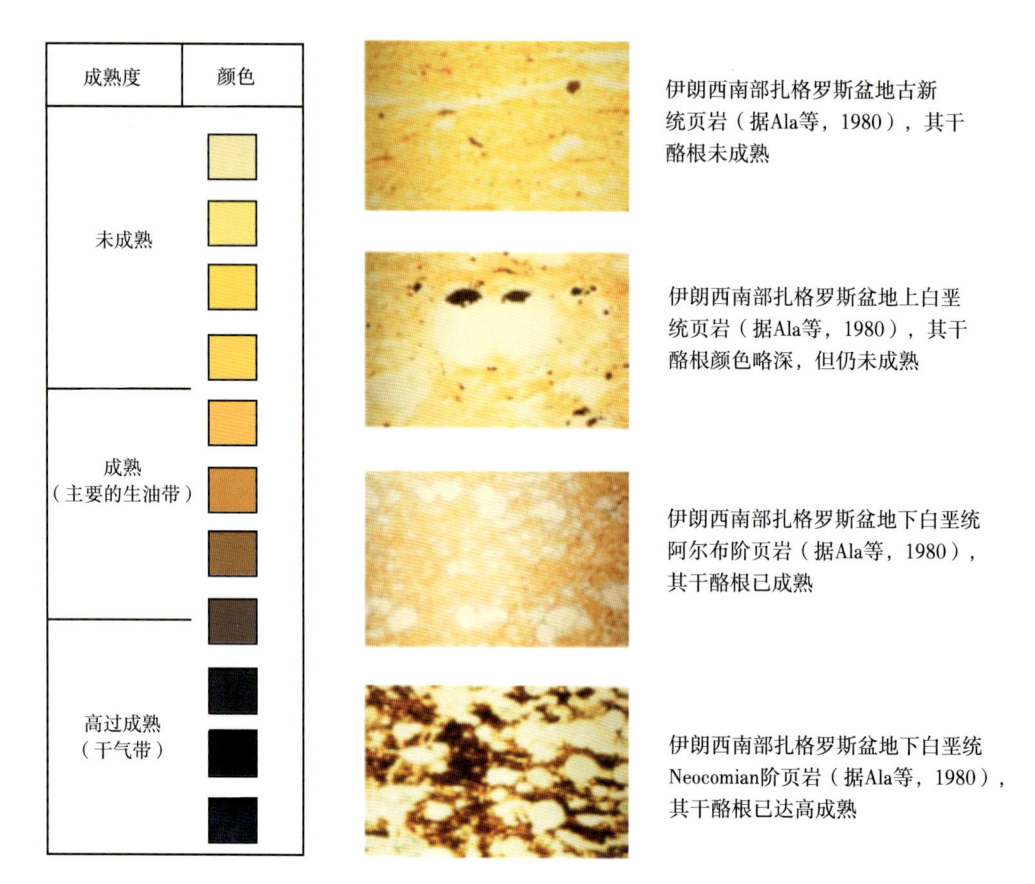

图 4.14　干酪根颜色与成熟度关系

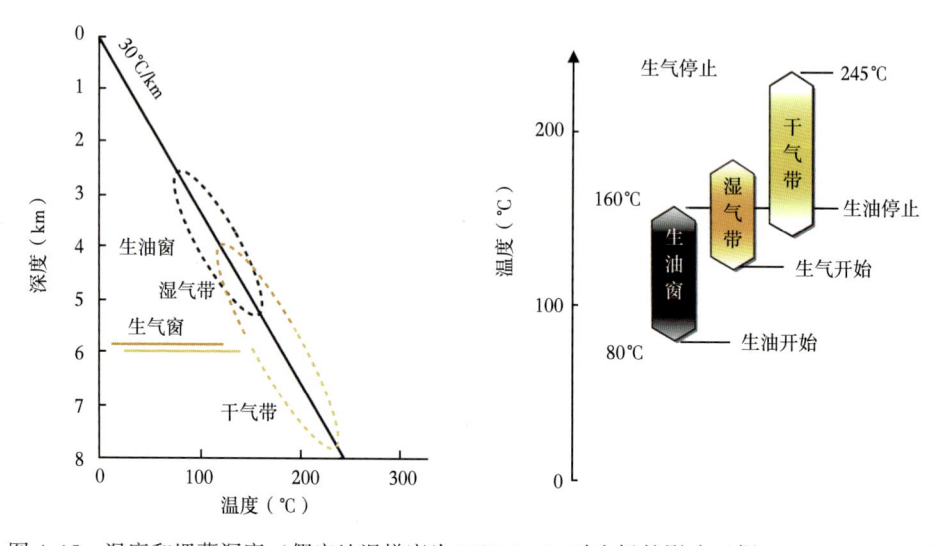

图 4.15　温度和埋藏深度（假定地温梯度为 30℃/km）对生烃的影响（据 Henriksen，2008）

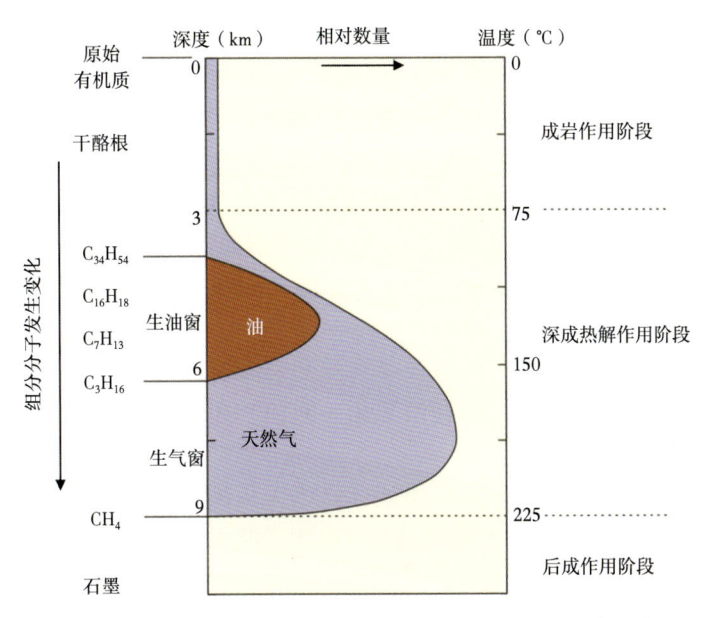

图 4.16 随着埋深增大和温度上升，干酪根生成的烃类轻烃组分逐渐增多（据 Marshak，2005）

图 4.17 范氏图展示了不同干酪根的热演化阶段及其产物。其中，成岩作用发生于相对低的温度；深成热解作用发生于较高的温度，是油气的生成阶段；后成作用发生于>225℃，是石墨的形成阶段。

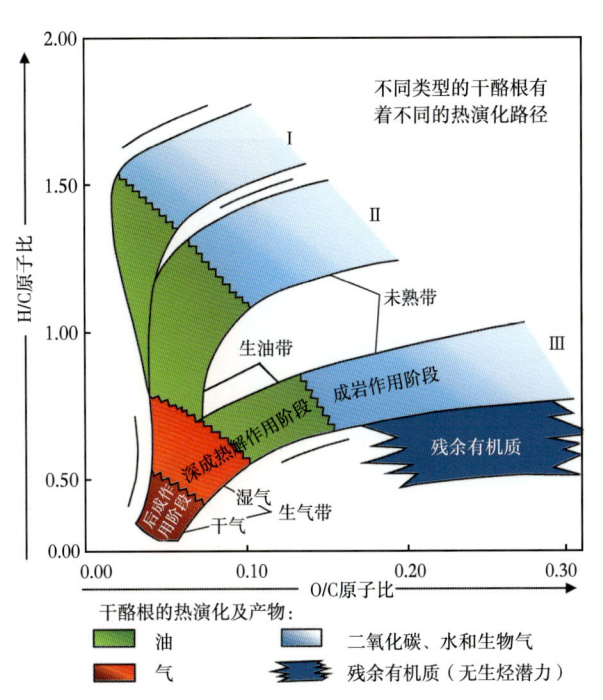

图 4.17 干酪根范氏图，可见干酪根热演化的各个阶段及其产物

的烃类会占据孔隙空间并使烃源岩内部压力上升。排烃过程通常伴随着孔隙水从烃源岩排出。若排出不畅,滞留的孔隙水将导致烃源岩内部压力上升并产生超压。无论是生烃增压,还是排水不畅导致的异常高压,都可使烃源岩维持一定的渗透率。现在普遍认为超压是烃源岩的固有特征之一,它可使页岩维持渗透性并使流体渗流其中。

烃类从烃源岩排出并进入储层的过程称为初次运移,其运移方向包括侧向和垂向,具体取决于烃源岩和储层的空间分布关系。关于初次运移机制的争议已持续数十年,目前仍不清楚烃类是以溶液、胶状悬浮液、"原石油"(一种进入储层之后才转变成油气的物质)、分散的小油滴还是通过扩散从烃源岩中排出。

油气在储层内部的运移称为二次运移。该过程以浮力为动力,通常会产生油气聚集并形成油气藏。圈闭的充注通常需要数百万年。因密度不同,圈闭内的气、油、水会依次按照上、中、下的分布规律发生分异。

因二次运移过程非常缓慢,而且油气运移至圈闭的距离可能达数百至数千千米,新生油气的持续运移注入必然无法弥补现有油气的大量采出,所以一经开采,油气圈闭将日益枯竭。

事实上,盆地内烃源岩生成的油气多数会滞留于烃源岩内部,仅不足15%可聚集于圈闭,这恰是非常规页岩油和页岩气工业(开采滞留于烃源岩中的油气)崛起的基础。

4.4 储集岩

储集岩指具有孔渗性能的岩石,它是常规油气的富集场所。尽管在特殊条件下裂缝发育的页岩及风化的火成岩、变质岩也可成为储集岩(图4.21),但是全球绝大多数的油气都产自砂岩或碳酸盐岩。其中,碳酸盐岩包括石灰岩、白云岩和白垩(岩)。

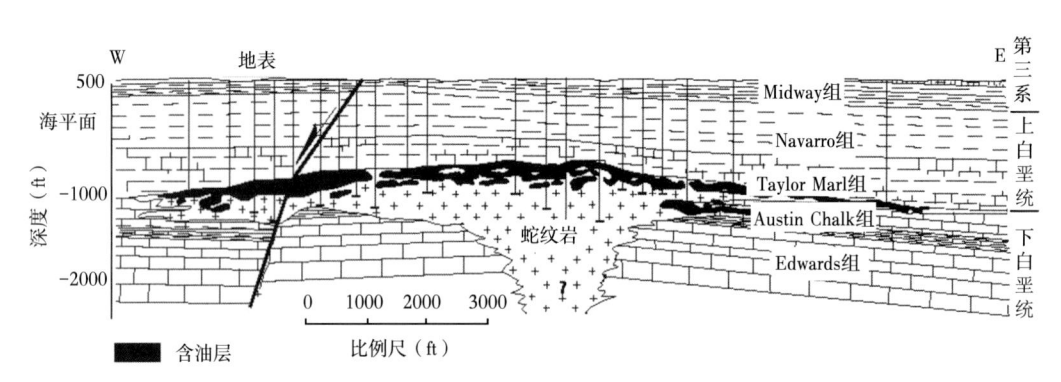

图 4.21 得克萨斯州 Lytton Springs 油田(据 Levorsen,1967 修改)
储层为蛇纹石化的火成岩,该储层的孔渗性能由暴露相关的风化和破裂作用改造形成

4.4.1 孔隙度

孔隙度是储层储集能力的度量单位,以百分数计,用符号 Φ 表示。其计算公式为:

$$\Phi = (孔隙体积)/(岩石总体积) \times 100\% \tag{4.1}$$

砂岩的孔隙通常分布于骨架颗粒之间,因此又称为粒间孔或原生孔(图4.22)。此类

孔隙形成于沉积期，代表砂岩的沉积特征。碳酸盐岩的孔隙通常分布于方解石或白云石的晶体颗粒之间，因此也称为晶间孔（图4.23、图4.24）。由于碳酸盐岩在沉积、固结之后易发生溶蚀和破裂等成岩变化，此类晶间孔隙常发生溶蚀扩大形成次生孔隙，甚至形成尺寸很大的晶洞（图4.25）。

图4.22 孔隙性砂岩薄片显微镜下照片（据Aqrawi等，2010）

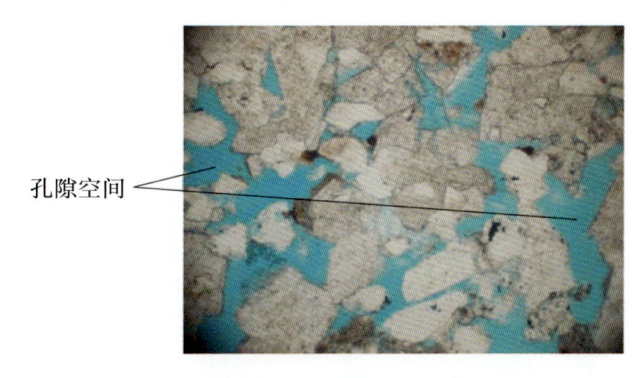

图4.23 孔隙性石灰岩薄片显微镜下照片

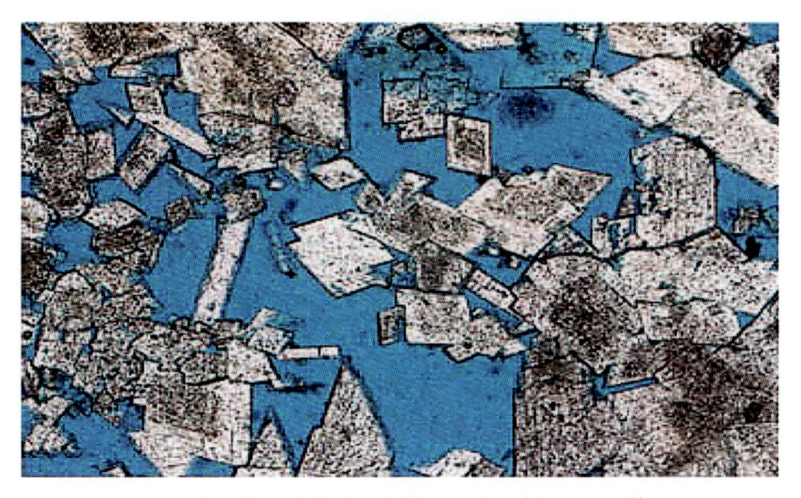

图4.24 孔隙性白云岩薄片显微镜下照片（据Lindsay等，2006）

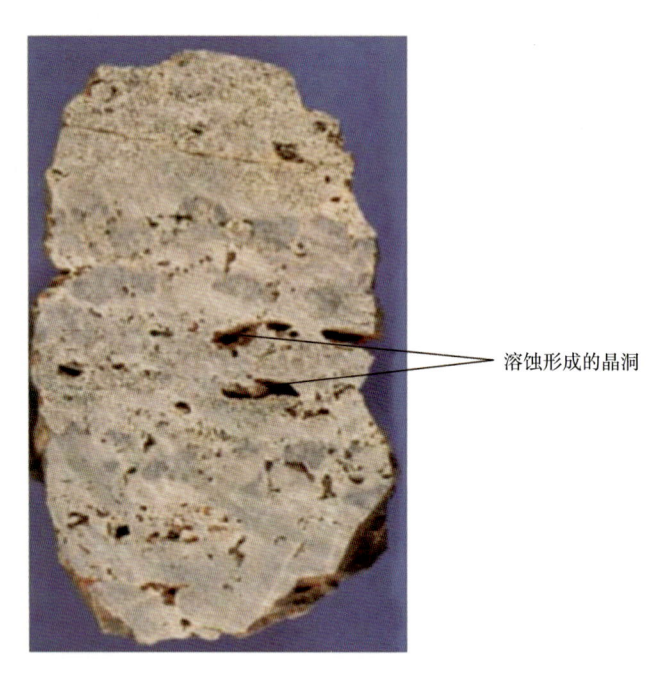

图 4.25　石灰岩手标本中的晶洞（照片据 M. Ala）

据理论计算，松散堆集的高球度颗粒孔隙度可高达 47%，但岩石的孔隙度通常介于 10%~20%，文献中提及的最大者也只有 37%。受压实作用影响，碎屑岩（如砂岩）的孔隙度随埋深增大和时代变老会有明显下降（图 4.26）。

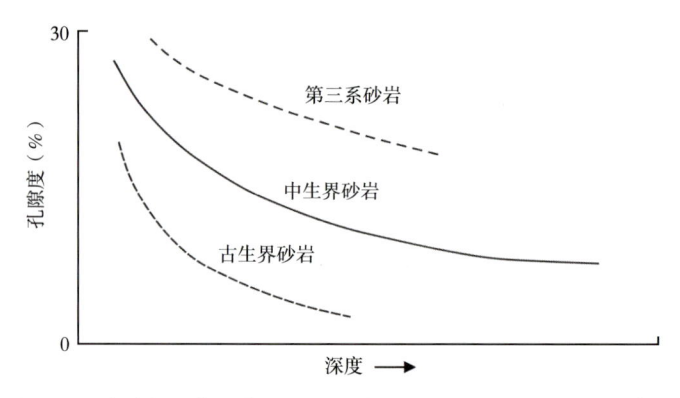

图 4.26　孔隙与埋藏深度、地层年代关系图（据 North，1985 修改）
可见孔隙度随埋深增大与年代变老而下降

绝对孔隙度是岩石总孔隙体积与总体积之比，用符号 ϕ_A 表示。有效孔隙度是岩石连通孔隙体积与总体积之比，用符号 ϕ_E 表示。ϕ_E 通常小于 ϕ_A，但直接决定岩石的渗透率。

4.4.2　渗透率

渗透率（K）是岩石渗流流体能力的度量单位，其大小主要取决于孔隙空间的连通性（即 ϕ_E），但也受其他因素影响，如流体饱和度、流体黏度及相邻孔隙连通喉道的直径。如

图 4.27 所示，喉道直径越大，砂岩储层的渗透率越高，流体越容易渗流通过其中。因此，储层的渗透率越高，生产井油气的产量也越高。

为了纪念法国水力工程师达西在 19 世纪 50 年代定义了流体在多孔介质中渗流的一系列参数，人们将渗透率的单位取为达西（D）。事实上，储层的渗透率通常远小于 1D，一般用毫达西（mD）度量。

绝对渗透率（K_A）是岩石孔隙中仅饱含一种流体（单相）时所求得的最大渗透率。当孔隙内含有两种或两种以上流体时，岩石渗流任何一种流体的能力都将下降。这种情况下测得的某一相流体的渗透率称为有效渗透率（K_E），其大小随所测流体饱和度的升降而变化。有效渗透率通常小于绝对渗透率，但这是地质条件下多数储集层的真实状况。

相对渗透率（K_r）是有效渗透率与绝对渗透率的比值（K_E/K_A），当岩石仅含单相流体时（即 $K_E=K_A$），其值等于 1。因此，相对渗透率的值介于 0~1 之间，具体取决于所测流体的饱和度。

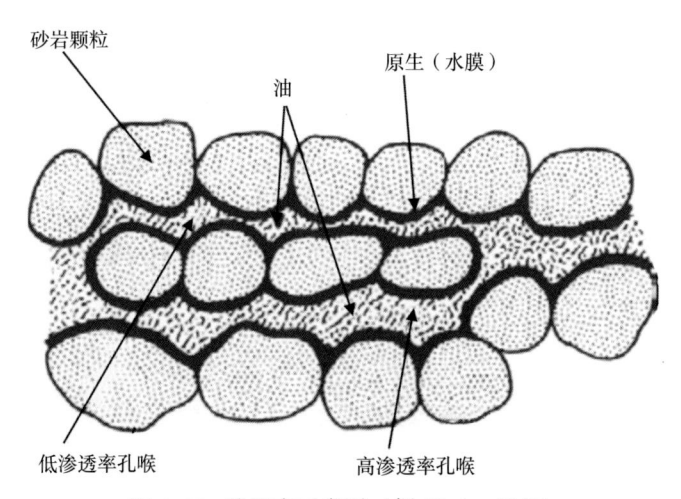

图 4.27　渗透率示意图（据 Clark，1969）

4.4.3　孔隙度与渗透率关系

渗透率与孔隙度通常呈正相关关系，但也不尽然，尤其是碳酸盐岩储层，其孔隙度和渗透率的相关性明显弱于碎屑岩储层。例如，伊拉克东北部 Kirkuk 油田碳酸盐岩储层段的孔隙度与渗透率相关性在 825m 以下极差（图 4.28），而伊拉克南部 Zubair 油田碎屑岩储层（第三产层）的孔隙度和渗透率相关性极佳（图 4.29）。

孔隙度和渗透率相关性差通常是因为 ϕ_A 和 ϕ_E 差异巨大（图 4.30）。如图 4.31 所示，该储集岩发育大量孤立孔隙，具有很高的绝对孔隙度（ϕ_A），但因基质致密，有效孔隙度（ϕ_E）几乎为零，其渗透率极低。

4.4.4　裂缝与储层物性关系

裂缝的存在可显著改善岩石的渗透率，这对于碳酸盐岩储层的形成尤为重要。裂缝在空间上沿相互垂直的三个方向延伸（图 4.32），通常由沉积物经历脱水收缩（成岩裂缝）或构造活动（构造裂缝）形成，如英格兰西南部 Bristol 海峡侏罗系石灰岩露头中的裂缝

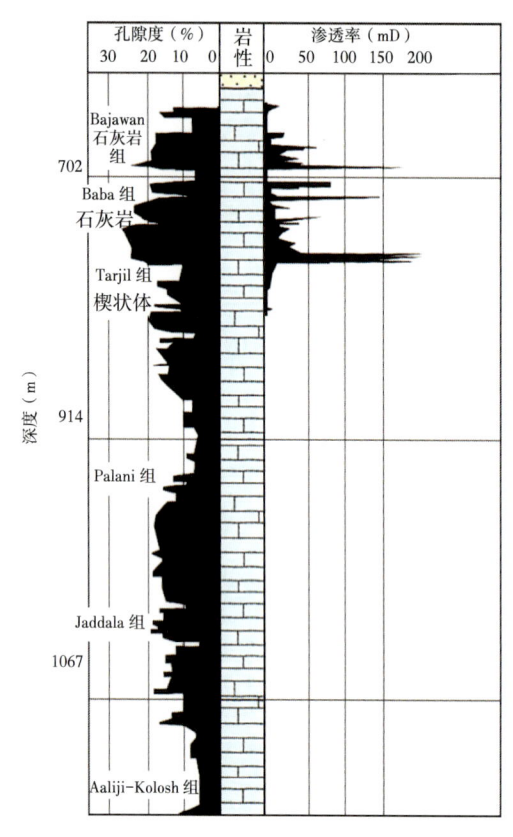

图 4.28 伊拉克东北部 Kirkuk 油田碳酸盐岩储层，其孔隙度和渗透率在储层段从下至上 2/3 处相关性极差（据 Jassim & Al-Gailani，2006）

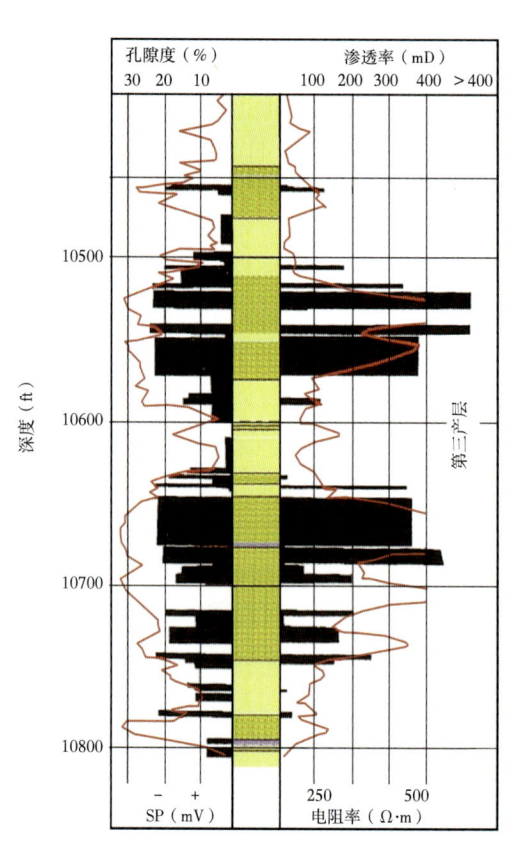

图 4.29 伊拉克南部 Zubair 油田碎屑岩储层，其孔隙度和渗透率相关性良好（据 Jassim & Al-Gailani，2006）

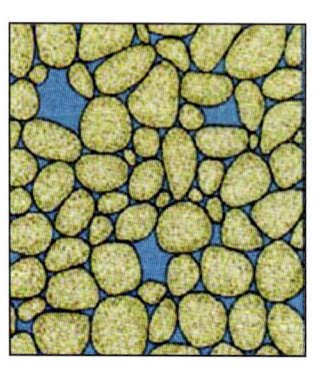

孔隙连通性差，故孔隙度和渗透率均偏低，即 ϕ_A 和 ϕ_E 均偏低

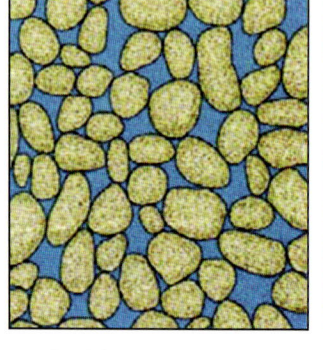

孔隙度高，但孔隙连通性差，故渗透率仍偏低，即 ϕ_A 偏高，ϕ_E 偏低

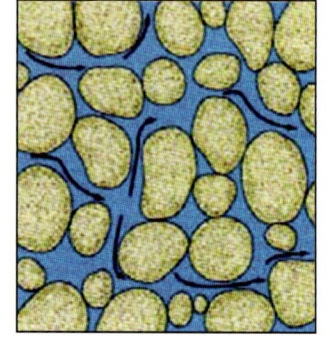

孔隙垂向和侧向连通性均好，故孔隙度和渗透率都偏高，即 ϕ_A 和 ϕ_E 都偏高

图 4.30 孔隙度和渗透率相关性图解（据 Marshak，2001）

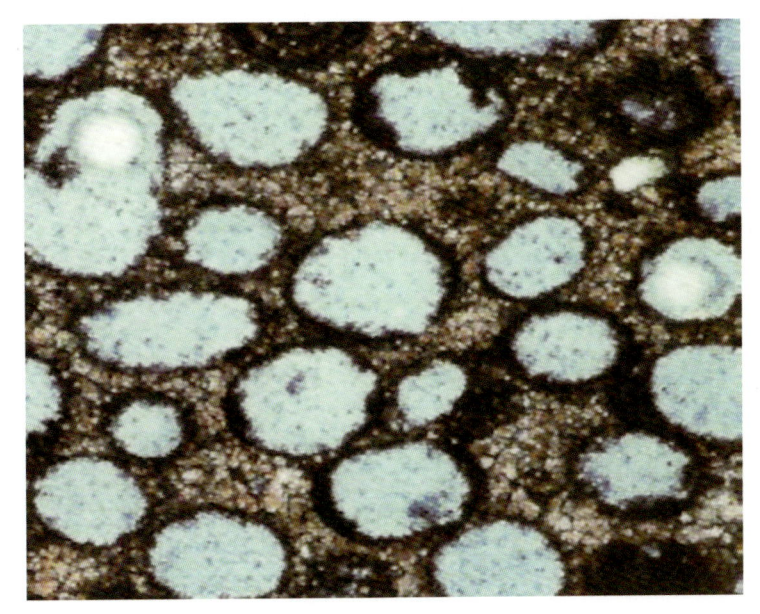

图 4.31 大量发育孤立孔隙的储集岩（据 Selwood，2007）
具有很高的绝对孔隙度（ϕ_A），但因基质致密，有效孔隙度（ϕ_E）几乎为零，其渗透率极低

图 4.32 岩石中的裂缝，可见其向三个相互垂直的方向延伸（据 Marshak，2005）

（图 4.33）。成岩裂缝通常形成于岩石完全固结之前所处的半脆性阶段，构造裂缝则由脆性岩层发生褶皱破裂形成。早期成岩裂缝叠加后期褶皱作用可使裂缝开度增大，这可显著提升岩石沿裂缝走向方向的渗透率（图 4.34）。

裂缝性储层具有双重介质（裂缝—孔隙）结构，因为除基质孔隙度和渗透率外，裂缝会产生额外的裂缝孔隙度和渗透率。全球最著名的裂缝性储层要数中东的裂缝性石灰岩，尽管其基质孔隙度中等（9%~14%），但渗透率可达几十达西，故单井产量可达 100000bbl/d。

图 4.33　英格兰西南部 Bristol Channel 海峡侏罗系石灰岩露头中密集的裂缝（照片据 J. Cosgrove）

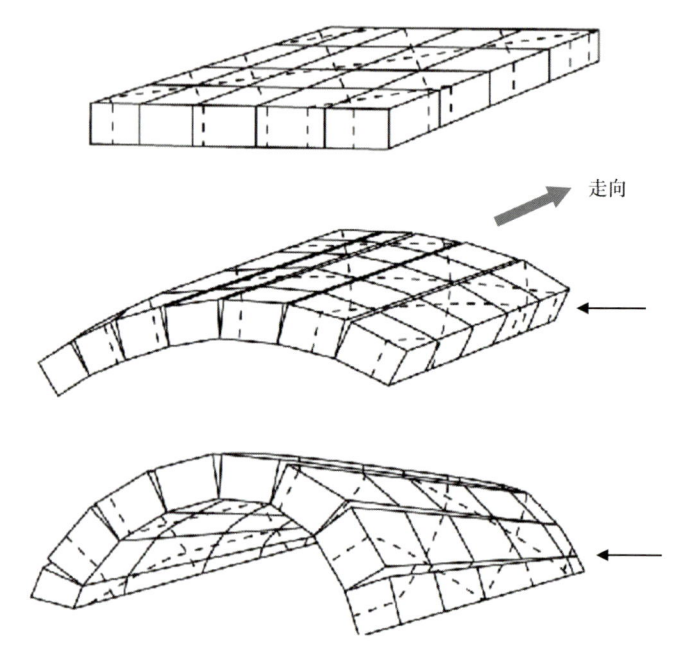

图 4.34　早期成岩裂缝叠加后期褶皱作用使裂缝开度增大，使得平行裂缝走向方向的渗透率增大（据 McQuillan，1973 修改）

4.5　圈闭

　　圈闭是处于特殊状态的储层，该状态下油气停止在储层内继续运移并聚集其中。圈闭既可由储层弯曲变形形成（构造圈闭），也可由储层侧向岩性变化形成（地层圈闭），还可由构造叠加岩性变化形成（复合圈闭）。只有形成时间不晚于油气运移的圈闭才是有效圈闭。

圈闭可简单分为构造圈闭、地层圈闭和不整合圈闭三类（表4.1、图4.35）。盐丘是一种特殊的地质建造，它可形成三类圈闭中的任何一类。

表 4.1　简易的圈闭成因分类表

圈闭类型	组合要素
构造圈闭	褶皱
	盐丘及其他侵入的岩体
	地垒
	断层和冲断构造
	古潜山和生物礁
地层圈闭	沉积相变
	盐丘
	生物礁
不整合圈闭	沥青封堵
	上倾尖灭
	盐丘

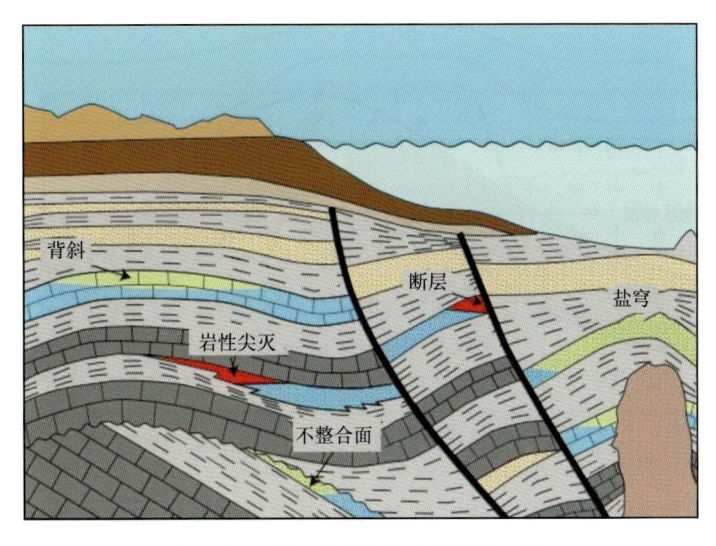

图 4.35　不同类型的油气圈闭示意图

4.5.1　构造圈闭

构造圈闭包含背斜、断层和冲断等构造要素。背斜圈闭是最为常见的圈闭类型（图4.36），也是全球绝大多数大油气田（油气储量或油气当量$>5\times10^8$bbl）的圈闭类型，其构成要素及术语见图4.37。

闭合度指圈闭最高点与溢出点之间的垂向距离，它是背斜圈闭的重要参数，直接决定圈闭的油气柱高度和容积。溢出点是圈闭能够保存油气的最低点。一旦油气充注至溢出点，

全球最著名的挤压背斜圈闭见于伊朗西南部—伊拉克北部的中东盆地，它们由巨大的北东—南西向挤压应力形成，大致呈北西—南东向成排分布于扎格罗斯山山脚下。卫星照片（图4.41）与构造大剖面（图4.42）显示该背斜带中的背斜具有三个特点：一是平面上呈长条状分布，延伸长度可达100mile（约161km）；二是剖面上呈非对称状，一些东南翼还可见逆冲断层伴生；三是构造幅度大，闭合高度约为10000ft（约3048m）。因此，该油气区油气储量巨大。

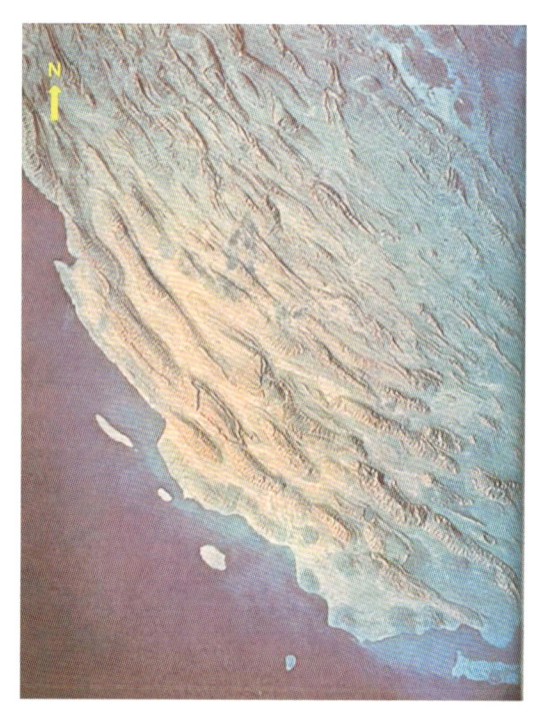

图4.41 伊朗西南部扎格罗斯褶皱带东南段卫星图片

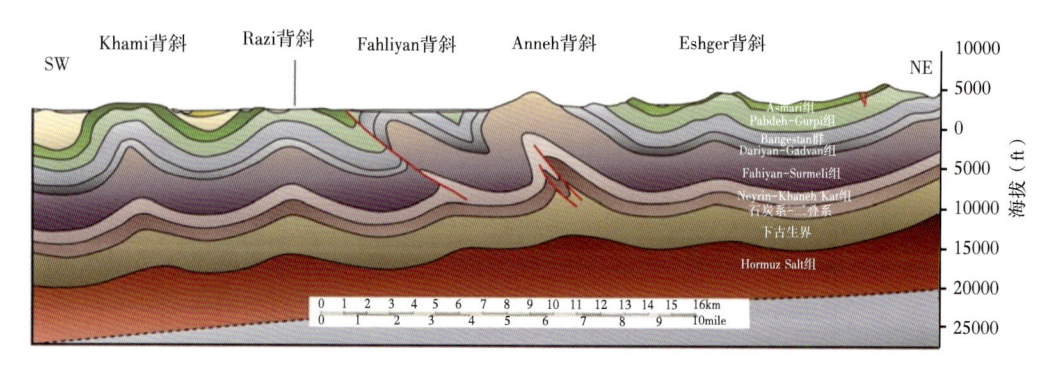

图4.42 伊朗西南部扎格罗斯盆地构造大剖面，可见挤压作用形成的背斜构造成排分布
（据伊朗石油服务公司，1974）

与挤压背斜不同，非挤压背斜通常呈对称状且构造幅度较小（图4.40）。挤压与非挤压背斜的特征及差异见表4.2。

表 4.2　挤压和非挤压构造对比

特征	挤压的	非挤压的
褶皱	构造幅度大，两翼呈非对称状，一翼可能发育逆冲断层	构造幅度小，两翼通常呈对称状并有正断层伴生
断层	可以是逆断层、平移断层及正断层，逆冲断层也很常见	多数为正断层，通常不含逆冲断层
裂缝	多数由岩石挠曲形成	多数由岩石收缩及其他成岩作用形成
地壳响应	缩短	拉伸

断层（包括正断层和逆断层）和断层相关构造也可形成圈闭，其构成要素见图 4.43。断层能否形成圈闭应满足一定条件，否则油气无法停止运移或聚集成藏，最终将渗漏逸散。这些条件包括：一是断层一盘中的渗透层必须在侧向上被另一盘的非渗透层所封堵；二是断层的断面必须是封闭的；三是断层的断距应尽量大于储层的厚度。断层断距与储层厚度的比值直接决定断层圈闭的闭合高度，若断距大于储层厚度，则闭合高度不受限制；反之，断面两盘的同一层储层仍相互联通，油气的运移将不受阻挡，闭合高度将受限或为零（图 4.44）。

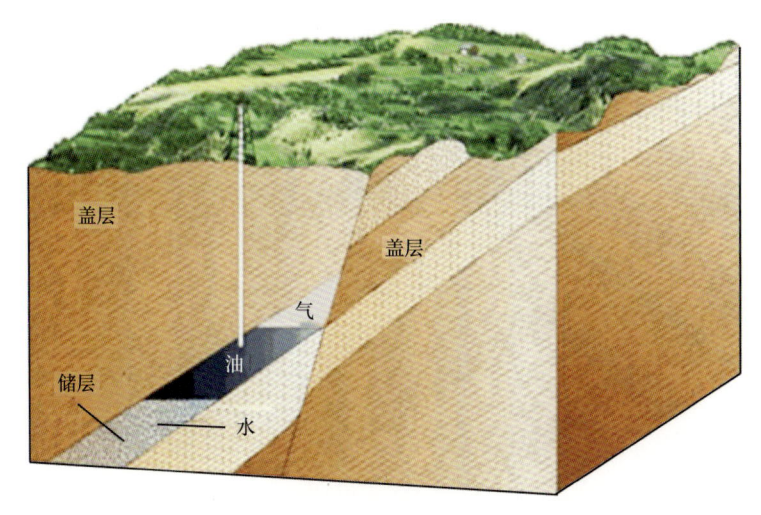

图 4.43　断层圈闭要素示意图

断层相关圈闭非常常见，如与地垒和掀斜断块相关的圈闭。这两种圈闭在北海和苏伊士湾油气区都很常见，前者如北海南部的 Gawain 气田（图 4.45），后者如北海北部的 Lyell 油田和 Troll 气田（图 4.46），以及苏伊士湾的 July 和 Ramadan 油田（图 4.47）。

形成于强水平挤压应力地区的逆冲推覆带（如造山带）也有断层遮挡圈闭分布，包括逆冲断层冲断面之上的和之下的。此类断层圈闭在洛基山东翼（包括加拿大和美国）十分常见，如西加拿大盆地的 Kavik 气田（图 4.48、图 1.78）。

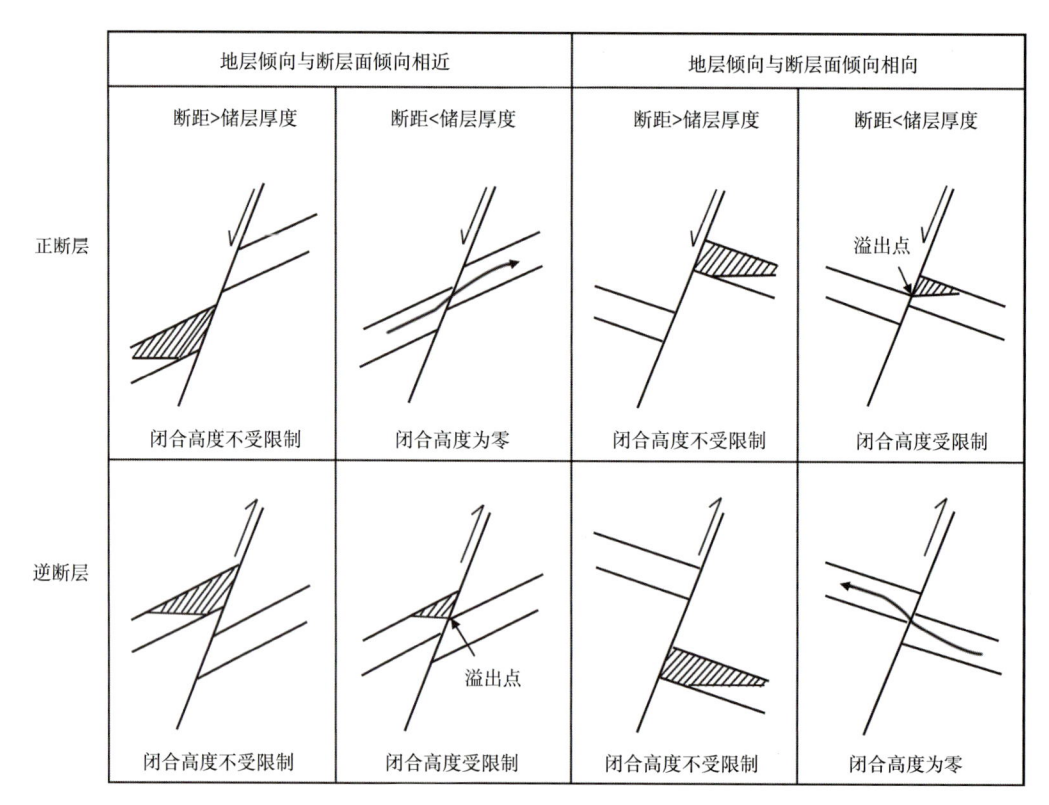

图 4.44　断层圈闭的闭合度：取决于地层的倾角及断距与储层厚度的比值（据 Stoneley，1995）

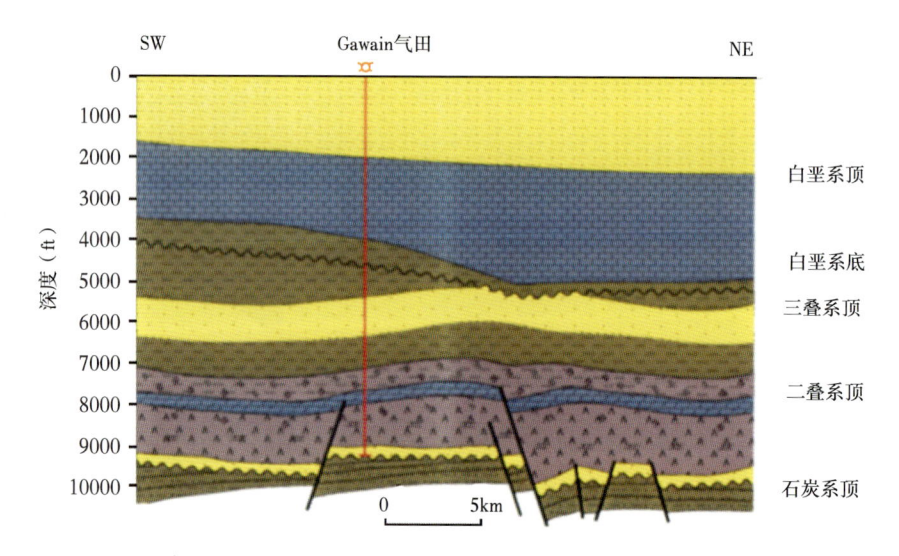

图 4.45　北海南部 Gawain 气田油藏剖面，可见地垒式断层圈闭（据 Osbon 等，2003）

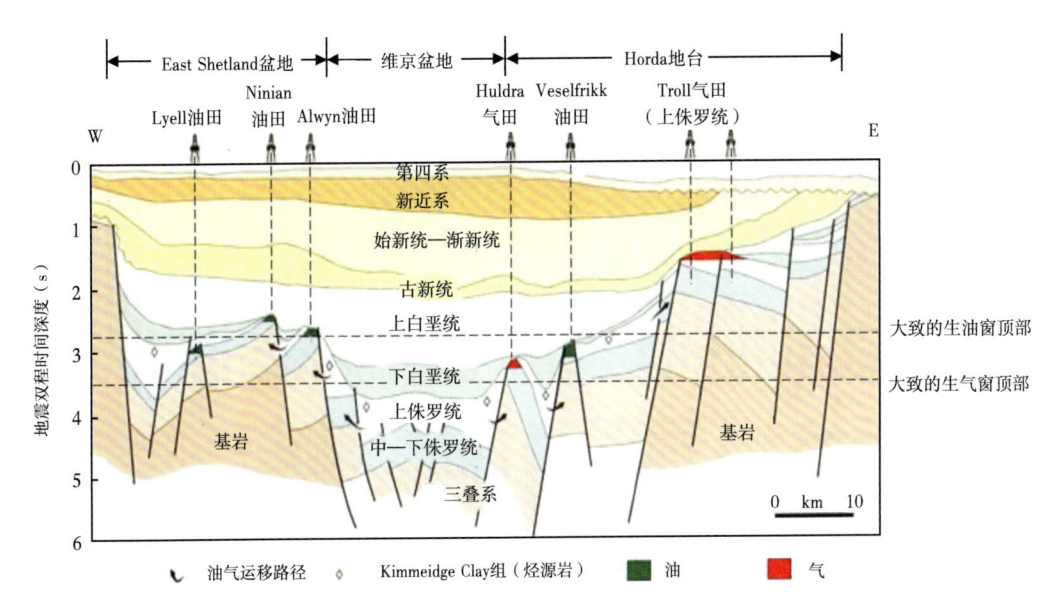

图 4.46 北海北部油藏剖面，可见多个掀斜断块油气藏（据 Underhill，2003）

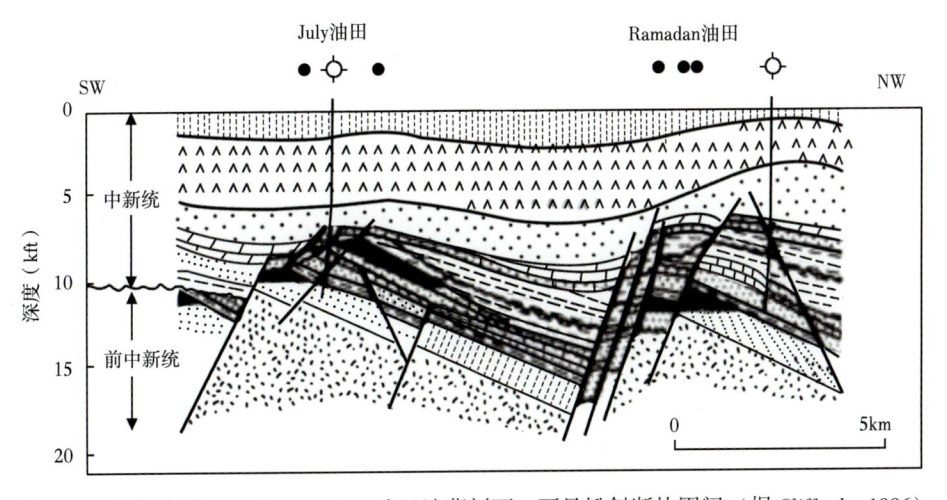

图 4.47 苏伊士湾 July 和 Ramadan 油田油藏剖面，可见掀斜断块圈闭（据 Clifford，1986）

4.5.2 地层圈闭

地层圈闭通常由沉积作用、成岩作用或不整合面造成的岩性变化形成，尽管有时会有轻微的掀斜，但通常与构造变形无关。地层圈闭在地下的特征要比构造圈闭隐蔽，故更不易识别。

根据成因可将地层圈闭简单划分成沉积的、成岩的和不整合面相关的三类（表 4.3），其中，部分地层圈闭的成因见图 4.49。地层圈闭在全球分布广泛，如得克萨斯州 Port Acres 油田的地层尖灭圈闭（图 4.50）、利比亚 Sirte 盆地 Intisar 大油田与第三系生物礁相关的圈闭（图 4.51），以及东得克萨斯州油田与不整合面相关的圈闭（图 4.52）。其中，东得克萨斯州油田为巨型油田，从 20 世纪 20 年代发现至 70 年代储量枯竭，从中采出的原油达 50×10^8 bbl。

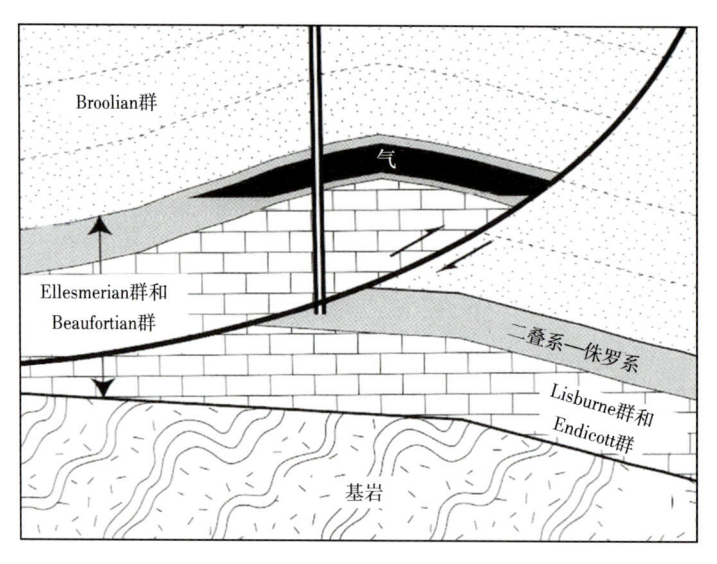

图 4.48　西加拿大盆地 Kavik 气田油藏剖面，可见逆冲断层圈闭（据 Bird，2001）

表 4.3　地层圈闭成因分类

沉积成因	地层尖灭圈闭
	沉积相侧向相变圈闭
	生物礁圈闭
成岩成因	胶结导致物性下降形成的圈闭
不整合相关	不整合面之上的地层超覆圈闭
	不整合面（削截面）之下的地层不整合遮挡圈闭

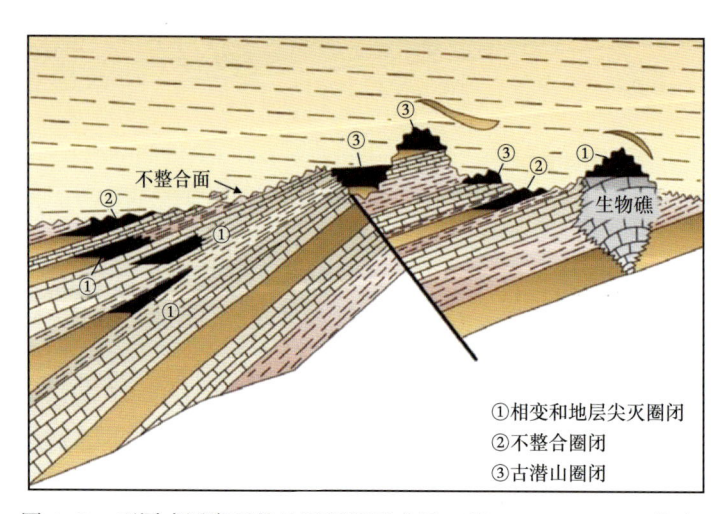

图 4.49　不同成因类型的地层圈闭示意图（据 Halbouty，1972 修改）

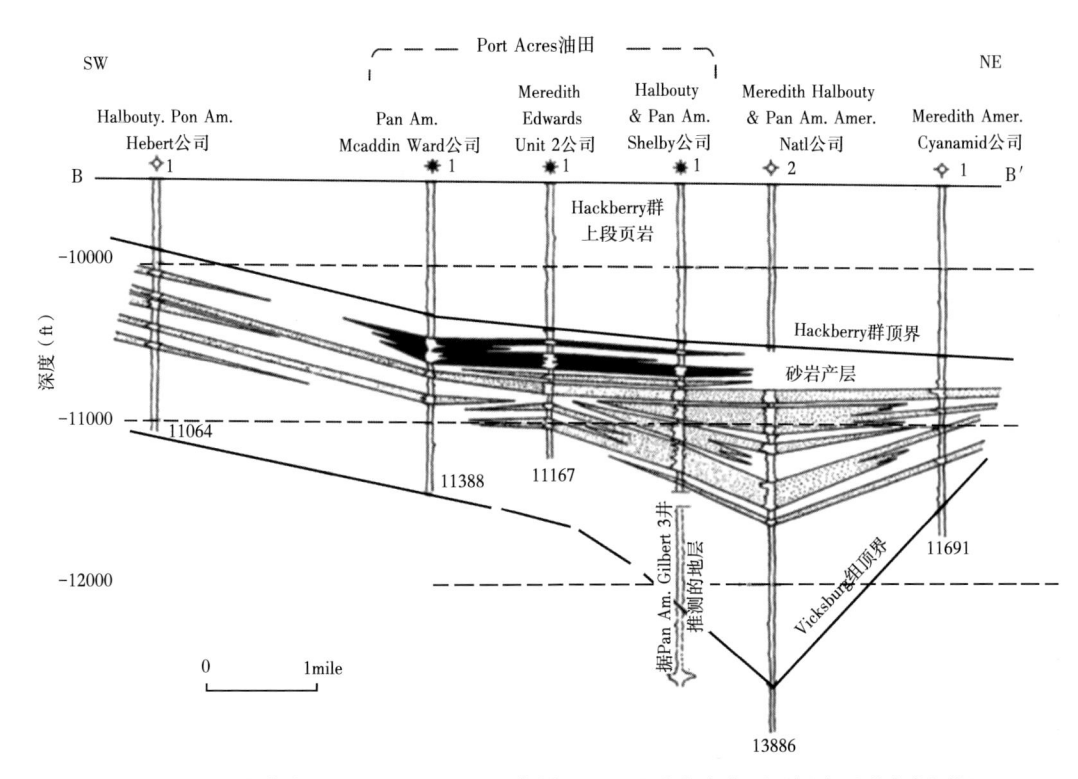

图 4.50　得克萨斯州 Port Acres 油田油藏剖面，可见砂岩向东西两侧尖灭形成的圈闭
（据 Halbouty & Barber，1972）

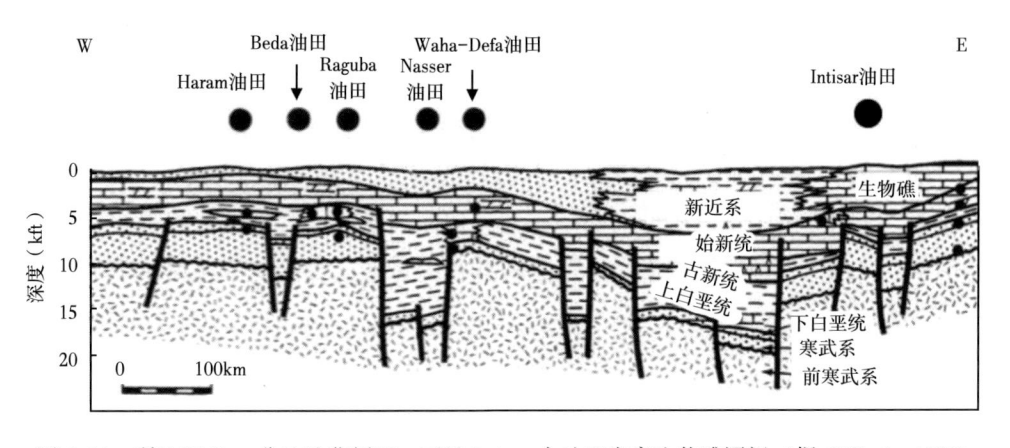

图 4.51　利比亚 Sirte 盆地油藏剖面，可见 Intisar 大油田发育生物礁圈闭（据 Clifford，1986）

4.5.3　复合圈闭

一些圈闭既有构造要素，又有地层要素，并且不能将两者截然区分开，此类圈闭称为复合圈闭，其构成要素见图 4.53。以图 4.53 为例，其中超覆并尖灭于不整合面之上的砂岩属地层要素，掀斜的地层属构造要素。

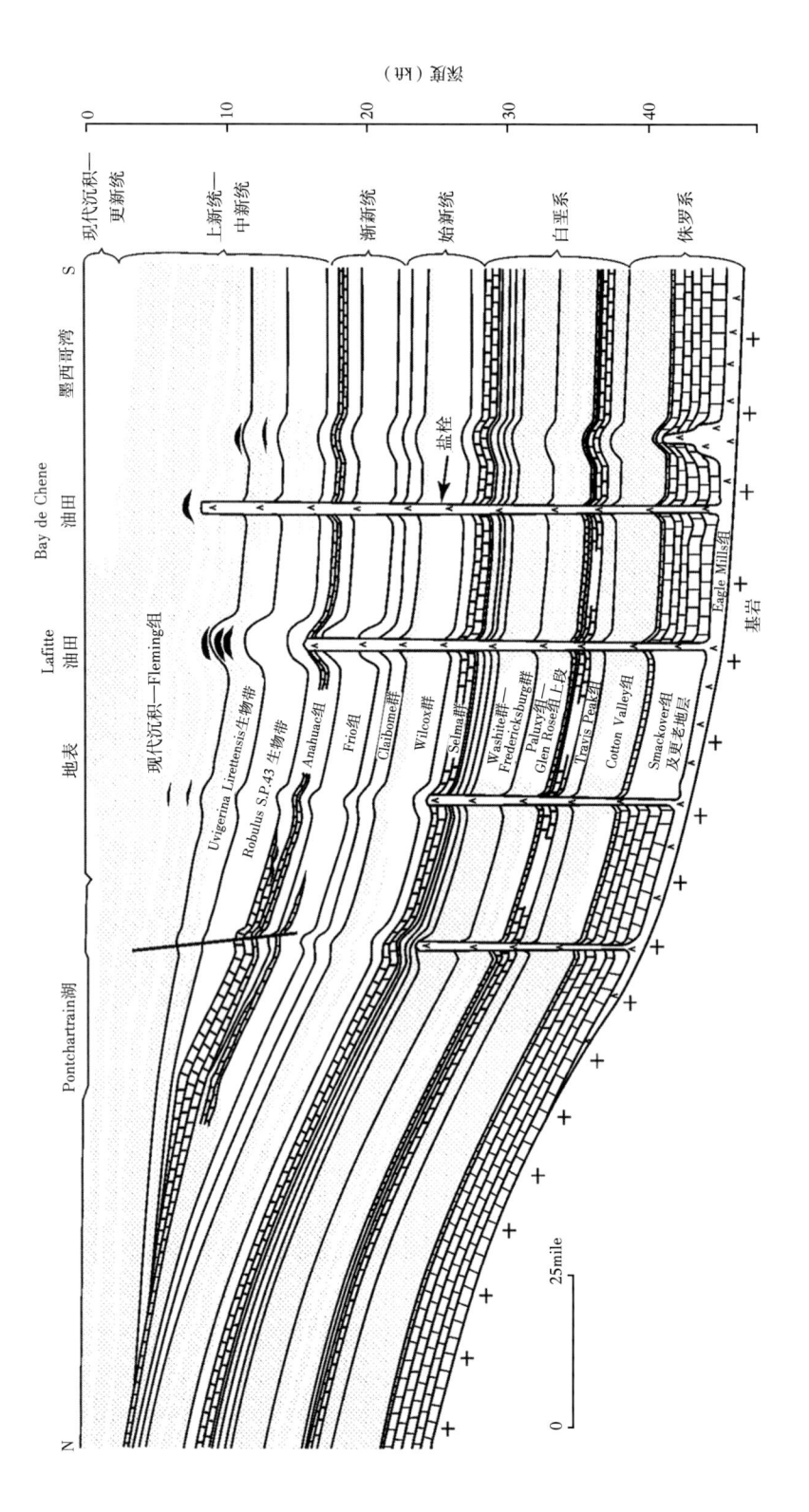

图 4.56 密西西比州海岸油气区油藏剖面，可见多个刺穿盐丘（据 Levorsen，1967 修改）

（2）盐底辟之上可见岩层受拱张形成的断层圈闭，其剖面特征在地震剖面中清晰可见（图 4.60），其平面通常呈极其复杂的放射状（图 4.61）。

（3）在盐物质上涌初期，盐丘侧翼既可形成断层圈闭（图 4.57），也可形成地层尖灭和不整合相关圈闭（图 4.57、图 4.58）。

（4）非渗透盐层可有效阻止油气侧向运移，故渗透层被盐体刺穿后可形成岩性遮挡圈闭（图 4.57、图 4.58）。此类圈闭称为盐体刺穿（侧接）圈闭，如北海中部的 Banff 油田（图 4.62）。

综上所述，盐底辟对油气圈闭的形成有重要影响，但它并不影响含油气系统的其他成藏要素和过程。

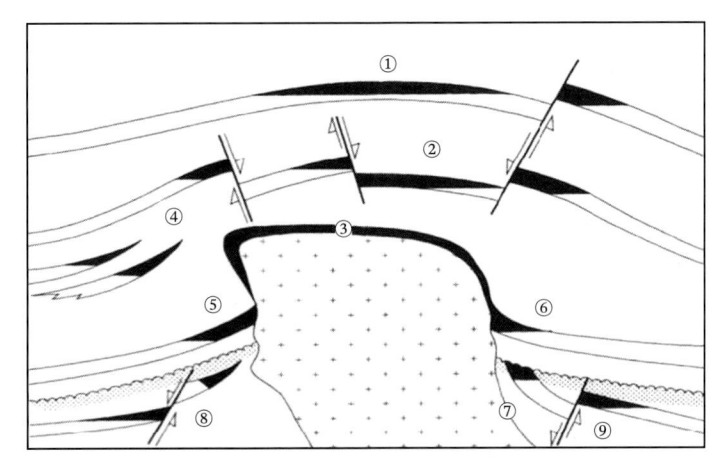

图 4.57　盐底辟相关圈闭示意图（据 Allen & Allen，2005）
①—盐穹之上的背斜圈闭；②—断层圈闭；③—底辟帽岩圈闭；④—地层上倾尖灭圈闭；
⑤、⑥—盐体刺穿（侧接）圈闭；⑦—不整合（侵蚀削截面）遮挡圈闭；⑧、⑨—底辟翼部断层圈闭

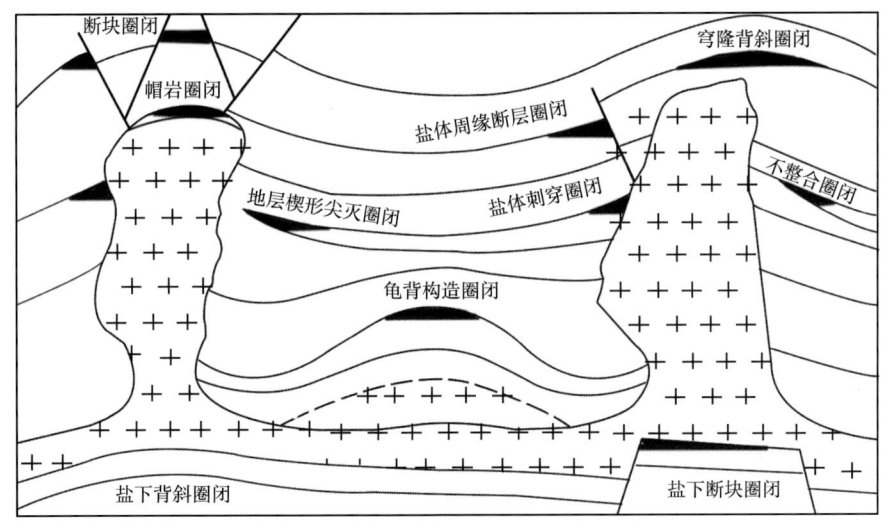

图 4.58　盐构造相关圈闭示意图（据 Stoneley，1995）

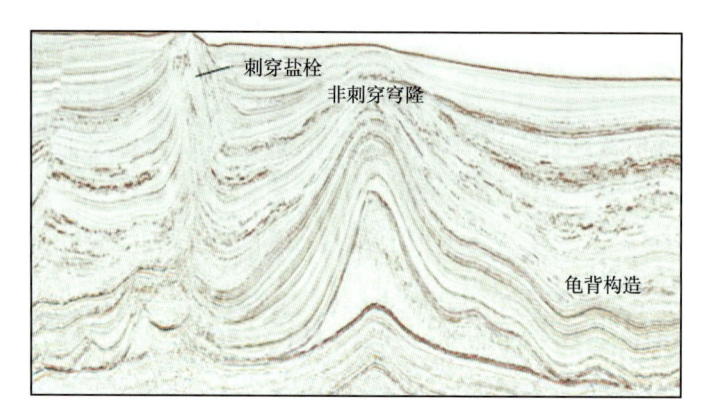

图 4.59 安哥拉海上 Kuanza 盆地地震剖面，可见刺穿盐栓及龟背构造圈闭

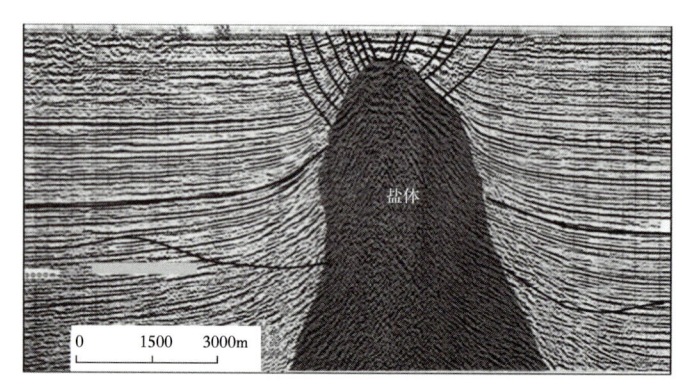

图 4.60 刺穿盐丘地震剖面，盐丘顶部可见大量伴生的正断层（据 Lowell，1985）

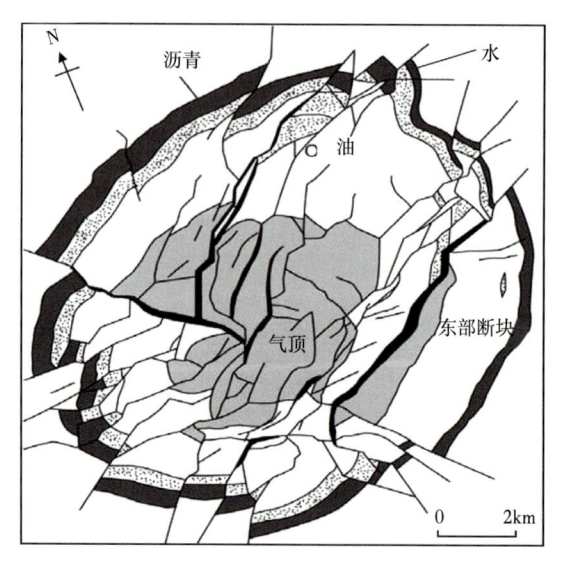

图 4.61 得克萨斯州 Hawkins 油气田，可见位于深部盐丘之上的穹隆构造，其剖面呈对称状，平面呈复杂的放射状（据 North，1985 修改）

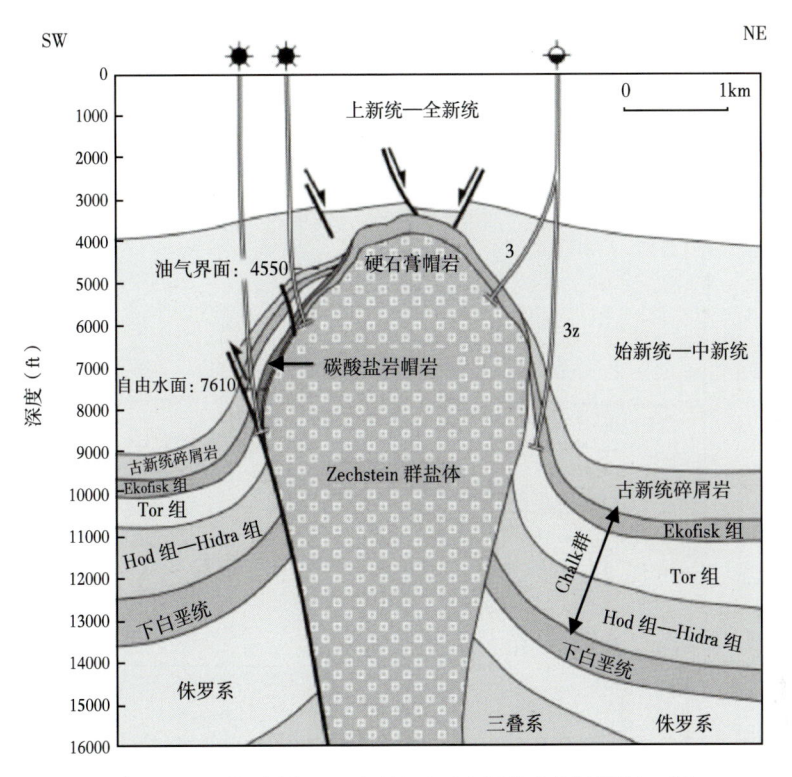

图 4.62 北海中部 Banff 油田盐构造剖面，可见盐丘西南翼发育断块圈闭（据 Underwood，2003）

4.6 盖层

盖层是位于渗透层侧向或正上方的低渗透封堵层（图 4.63），对油气的进一步运移起封堵作用。高效的盖层通常呈大面积分布，如页岩、泥岩、蒸发岩及一些裂缝不发育的石灰岩。其中，蒸发岩（盐岩和硬石膏）是最有效的盖层，因其塑变流动可封堵断褶过程中产生的裂缝，从而保持盖层的完整性。

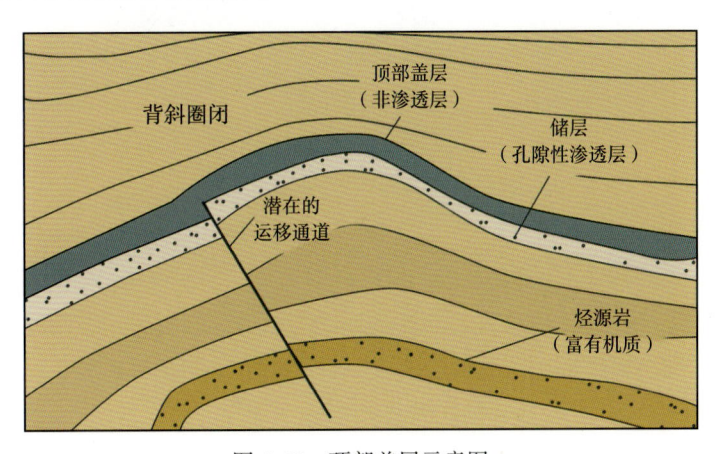

图 4.63 顶部盖层示意图

北海油气田北部以页岩盖层最为常见，如 Ninian 油田，其储层（中侏罗统砂岩）以上覆的上侏罗统页岩和下白垩统厚层页岩为盖层（图 4.64）。

北海油气田南部以蒸发岩盖层最为常见，如 Neptune 气田，其储层以广泛分布的上二叠统 Zechstein 群厚层蒸发岩为盖层（图 4.45、图 4.65）。中东和北非的许多大油气田也以蒸发岩为盖层，如阿尔及利亚的 Hassi Messaoud 油田，其古生界砂岩储层即以上覆三叠系蒸发岩为盖层（图 4.66）。

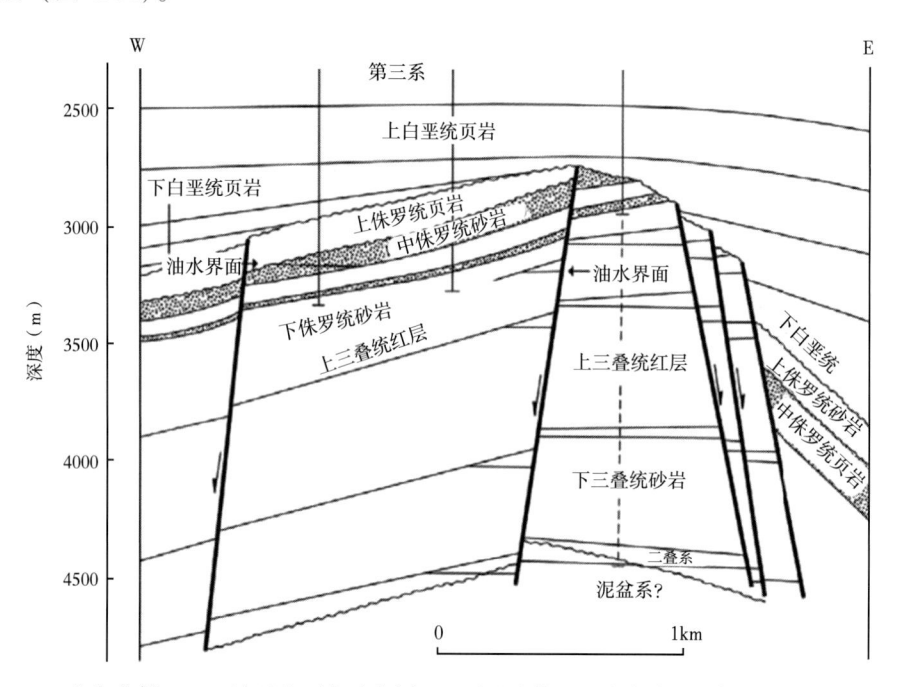

图 4.64 北海北部 Ninian 油田东西向油藏剖面，可见油藏以页岩为盖层（据 North，1985 修改）

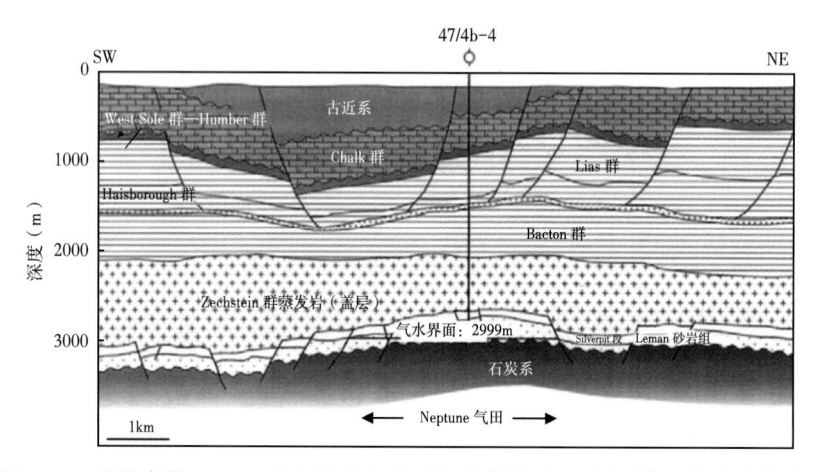

图 4.65 北海南部 Neptune 气田北东—南西向油藏剖面，可见油藏以蒸发岩为盖层
（据 Smith & Starcher，2003）

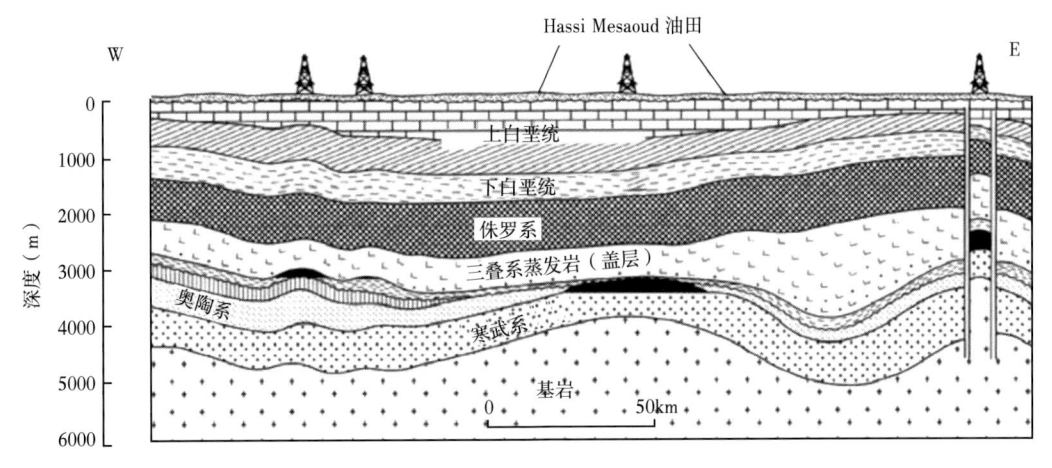

图 4.66　阿尔及利亚 Hassi Messaoud 油田东西向油藏剖面，可见油藏
以蒸发岩为盖层（据 North，1985 修改）

4.7　含油气区带

区带（play）指地质和工程特征相同区域内的一组油气田或钻探目标，该词被广泛应用于油气工业上游部门的勘探和开发部署。其中，地质特征包括烃源岩、储层、盖层、圈闭、成藏期、油气运移和保存条件等；工程特征包括油气的流体属性及产层中流体的渗流属性等。

区带的划分应能直接体现一个地区油气分布的基本信息，以北海盆地为例，其含油气区带可划分成 5 个：

盆地产干气为主的南部整体可划分为一个天然气区带，因为整个气田都以上二叠统 Rotliegend 群风成砂岩为储层（仅少数例外），以下伏的石炭系煤系地层为烃源岩，以上二叠统 Zechstein 群蒸发岩为盖层，圈闭都与地垒和掀斜断块相关。

盆地北部含油气系统地质年代较新，可划分出两个含油气区带：一个是以首获突破的 Brent 油气田命名的侏罗系含油气区带，其储层为中侏罗统三角洲砂岩；烃源岩为上侏罗统，在英国一侧为 Kimmeridge 组黏土岩，在挪威一侧为 Draupne 组页岩；圈闭为掀斜断块圈闭；盖层为互层状页岩。另一个是沿维京地堑和中央地堑边缘分布的上侏罗统含油气区带，其烃源岩是 Kimmeridge 组黏土岩，储层是与 Kimmeridge 组黏土岩为同时异相的砂岩，圈闭是掀斜断块圈闭（局部为地层圈闭），盖层是 Kimmeridge 组黏土岩及其上覆的白垩系页岩。

盆地北部的挪威和丹麦一侧也可划分出一个含油气区带，其储层为上白垩统和古新统白垩（岩），烃源岩为 Kimmeridge 组黏土岩，圈闭为盐构造相关圈闭，盖层为厚层的第三系页岩。白垩（岩）是极细粒沉积岩，其渗透率通常可忽略不计，但该含油气区带的白垩（岩）因受下伏二叠系 Zechstein 群蒸发岩盐底辟作用发育大量张性裂缝。因此，在生烃增压机制作用下，由 Kimmeridge 组烃源岩生成的油气可运移至上覆的白垩储层。当该储层被打开后，下伏烃源岩向上传导的压力还可将油气沿裂缝驱替至井眼并使单井产量达工业油流标准。

Allen, P. A. and Allen, J. R. (2005). Basin Analysis: Principles and Applications, 2nd Edition. Blackwell Publishing, London, UK.

Al-Hajeri, M. M., Derks, J., Fuchs, J. et al. (2009). Basin and petroleum system modeling, Oilfield Rev., 21 (2), 14-29.

Aqrawi, A. M. A., Goff, J. C., Horbury, A. D. et al. (2010). The Petroleum Geology of Iraq, Scientific Press, UK.

Bird, K. J. (2001). "Alaska, A Twenty-First-Century Petroleum Province", in Downey, M. W., Threet, J. C. and Morgan, W. A. (eds.), Petroleum Provinces of the Twenty-First Century, AAPG Memoir 74, AAPG, Tulsa, OK.

Brownfield, M. E. and Charpentier, R. R. (2006). Geology and total petroleum systems of the West-Central Coastal Province (7203), West Africa, U. S. Geological Survey Bulletin 2207-B. Available online at: http://www.usgs.gov/bul/2207/B/.

Chapman, R. E. (1977). "Petroleum exploration and development", in Our Industry Petroleum, British Petroleum Company Ltd., London, UK.

Clark, N. J. (1969). Elements of Petroleum Reservoirs, American Institute of Mining, Metallurgical and Petroleum Engineers Inc., Dallas, TX.

Clifford, A. C. (1986). "African oil — past, present and future", in Halbouty, M. T. (ed.), Future Petroleum Provinces of the World, AAPG Memoir 40, AAPG, Tulsa, OK.

Conditions for the deposition and preservation of organic matter (1996). United Kingdom Off shore Oil Operators Association (UKOOA), now Oil & Gas UK.

Cuddington, K. S. and Lowther, N. F. (1977). "The character of crude oil", in Our Industry Petroleum, British Petroleum Company Ltd.

Halbouty, M. T. (1972). "Rationale for deliberate pursuit of stratigraphic, unconformity and Paleogeormorphic traps", in King, R. E. (ed.), Stratigraphic Oil and Gas fields — Classification, Exploration Methods and Case Histories, AAPG Memoir 16, AAPG, Tulsa, OK.

Halbouty, M. T. and Barber, T. D. (1972). "Port acres and port arthur fields, Jefferson County, Texas: Stratigraphic and structural traps in a middle tertiary delta", in King, R. E. (ed.), Stratigraphic Oil and Gas fields-Classification, Exploration Methods and Case Histories, AAPG Memoir 16, AAPG, Tulsa, OK.

Henriksen, N. (2008). Geological History of Greenland, Geological Survey of Denmark and Greenland (GEUS), Copenhagen, Denmark.

Hobson, G. D. and Tiratsoo, E. N. (1985). Introduction to Petroleum Geology, 2nd Edition, Gulf Publishing Co., Houston, Texas.

Hunt, J. M. (1995). Petroleum Geochemistry and Geology, 2nd Edition, W. H. Freeman, New York.

Jassim, S. Z. and Al-Gailani, M. B. (2006). "Hydrocarbons", in Jassim, S. Z. and Goff, J. C. (eds.), Geology of Iraq, Dolin, Prague and Moravian Museum, Brno, Czech Republic.

Levorsen, A. I. (1967). Geology of Petroleum, 2nd Edition, W. H. Freeman, San Francisco.

Lindsay, R. F., Cantrell, D. L., Hughes, T. H. et al. (2006). "Ghawar Arab-D reservoir: Widespread porosity in shoaling-upward carbonate cycles, Saudi Arabia", in Harris, P. M. and Weber, L. J. (eds.), Giant Hydrocarbon Reservoirs of the World: From Rock to Reservoir Characterisation and Modelling", AAPG Memoir 88 Joint SEPM Publication.

Lowell, J. D. (1985). Structural Styles in Petroleum Exploration, Pennwell Corp., Tulsa, OK.

Marshak, S. (2001). Earth: Portrait of a Planet, 1st Edition, W. W. Norton, New York, NY.

Marshak, S. (2005). Earth: Portrait of a Planet, 2nd Edition, W. W. Norton, New York, NY.

McQuillan, H. (1973). Small scale fracture density in asmari formation of southwest Iran and its relation to bed thickness and structural setting, AAPG Bull., 57 (12), 2367-2385.

North, F. K. (1985). Petroleum Geology, Allen and Unwin, London, UK.

Oil Service Company of Iran (1974). 1:100,000 Geological Map Series, Sheet 20842 (Fahliyan).

Osbon, R. A. Werngren, O. C., Kyei, A. et al. (2003). "The Gawain Field, Blocks 49/24, 49/29a, UK North Sea", in Gluyas, J. G. and HIchens, H. M. (eds.), United Kingdom Oil and Gas Fields Commemorative Millennium Volume, Geological Society Memoir 20, The Geological Society Publishing House, Bath, UK.

Petersen, H. I., Fyhn, M. B. W., Nielsen, L. H. et al. (2014). World class paleogene source rock from a cored Lacustrine Syn-rift succession, Bach Long Island Vi, Island, Song Hong Basin, Off shore Northern Vietnam, J. Petrol. Geol., 37 (4), 373-389.

Rittenhouse, G. (1972). "Stratigraphic trap classification", in King, R. E. (ed.). Stratigraphic Oil and Gas fields-Classification, Exploration Methods and Case Histories, AAPG Memoir 16, AAPG, Tulsa, OK.

Selley, R. C. (1997). Elements of Petroleum Geology, 2nd Edition. Academic Press, Waltham, MA.

Sellwood, B. W. (2007). Carbonates, Department of Earth Science and Engineering, Imperial College London.

Smith, B. and Stracher, V. (2003). "The Mercury and Neptune Fields, Blocks 47/9b, 47/4b 47/5a, 42/29, UK North Sea", in Gluyas, J. G. and HIchens, H. M. (eds.), United Kingdom Oil and Gas Fields Commemorative Millennium Volume, Geological Society Memoir 20, The Geological Society Publishing House, Bath, UK.

Southeast Zagros Basin, Iran, satellite image. Available online at: http://en.wikipedia.org/wiki/Persian Gulf.

Stoneley, R. (1995). An Introduction to Petroleum Geology for Non-Geologists, Oxford University Press, Oxford, UK.

Underhill, J. R. (2003). "The tectonic and stratigraphic framework of the United Kingdom's oil and gas fields", in Gluyas, J. G. and Hichens, H. M. (eds.), United Kingdom Oil and Gas Fields Commemorative Millennium Volume, Geological Society Memoir 20, The Geological Society Publishing House, Bath, UK.

5 石油勘探

5.1 概况

开展油气勘探潜力评价工作的第一步是搜集数据,包括地质的、遥感的和地球物理的。这些数据的概述见下文。

5.2 地质数据来源

地质数据的来源包括出版的文献、国家地质调查局提供的图件和报告,以及一些未公开发表但可购得的商业报告。图 5.1 所示为地质图,图中不同的颜色代表不同的岩石地层单元。一幅完整的地质图应包括平面图(图 5.1)、剖面图和柱状图(本章未列出)。其中,柱状图对不同的岩石地层单元作详细的描述,包括名称、年代、厚度和岩性等;剖面图展示了主要的构造类型,包括褶皱、断层和逆冲推覆构造等。

若露头出露良好(图 5.2),野外工作不仅可获得区域构造的信息,还可获得含油气系统的信息,包括烃源岩、储层、圈闭和盖层的分布及其品质等。

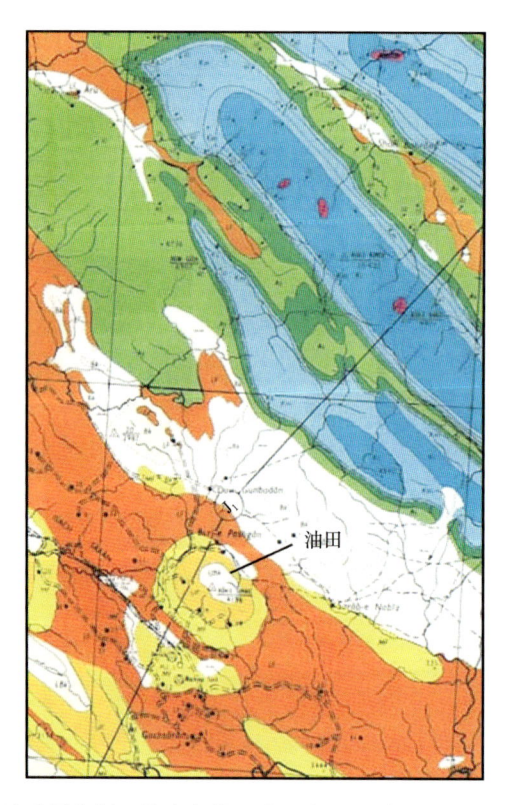

图 5.1 地质图实例,其中实线 J_1 指示剖面图位置(据 Fox,1970)

图 5.2 出露良好的露头，可见地层呈近直立分布（照片据 J. Cosgrove）

5.3 遥感数据

遥感信息主要分为航空相片和卫星相片两类。航空相片由航拍飞机沿预设的航线以不同比例尺从空中垂直向下拍摄地表获得，它是快速获取地质信息的廉价的基础资料，对于基岩出露良好的区域，可直接用于地表构造成图（图 5.3）。因为相邻相片之间有足够的重叠度，航拍相片也可使用立体镜观察地表。

卫星相片的特点是资源丰富、全球多次覆盖、多比例尺、售价便宜等，其在地质学中的应用很广泛，特别是用于描述区域（如一个国家）的地质特征，如勾勒陆相盆地或区域构造的轮廓，分析褶皱和断层的特征。以北非及伊朗南部扎格罗斯盆地东南侧的区域卫星相片为例，图 5.4（a）揭示了利比亚 Morzuk 盆地的轮廓，图 5.4（b）、图 5.4（c）揭示了扎格罗斯褶皱带中背斜及盐丘的产状。

图 5.3 大型的长条状背斜航拍相片（左图据 Lowell，1985；右图据 Marshak，2005）

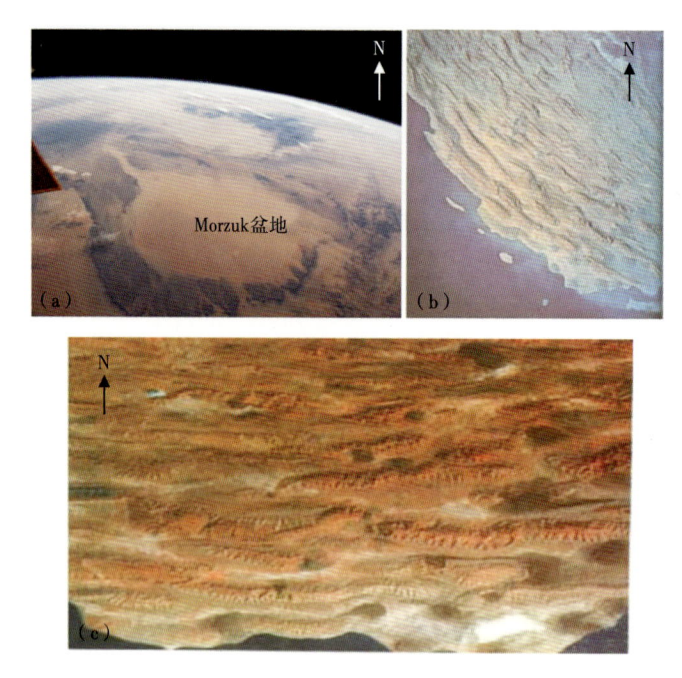

图 5.4　北非及伊朗西南部扎格罗斯盆地东南侧卫星相片
(a) 利比亚 Morzuk 盆地及其周缘（古生界和中生界）老山（深色区域）卫星相片；
(b) 伊朗西南部扎格罗斯盆地东南侧狭长褶皱带（沿 NW-SE 分布）卫星相片；
(c) 伊朗西南部扎格罗斯盆地东南侧盐丘（近圆形的深色斑块）卫星相片

5.4　地球物理勘探技术与数据

地球物理勘探技术通过观测和研究岩石不同的物理属性来获取地下的地质信息，根据数据的采集方式可进一步划分为重力勘探、磁法勘探和地震勘探技术等。它们是获取海上或无基岩出露区基础地质信息的唯一办法。

5.4.1　重力勘探

重力勘探是最古老的地球物理勘探技术。19 世纪下半叶发明的重力仪目前仍在使用，只是经过多次更新换代后变得更加精密。在重力勘探中，g（重力加速度）的单位通常记为毫伽（mgal）。现今重力勘探通常采用航空作业，作业时将测量仪器固定于航空磁测飞机之上（图 5.5）。

重力的变化由地下岩石密度分布不均匀引起，其值与岩石的密度成正比。实测重力值与区域平均值存在偏差的现象称为重力异常。重力正异常表明地下近地表存在高密度物质，如火成岩和变质岩，它们是下伏于沉积层的基底古隆起（图 5.6）。重力负异常表明地下近地表存在低密度物质，如盐（图 5.6）。因此，盐底辟极易通过重力负异常的特征识别。利用该特征寻找盐丘相关圈闭的方法在欧洲和美国的墨西哥湾等地曾经非常流行，直至第一次世界大战后地震勘探技术兴起。

重力正异常也可能由地表因素造成，如山脉。以美国西南部重力异常图为例

图 5.5 航空磁测飞机（据 Henriksen，2008）

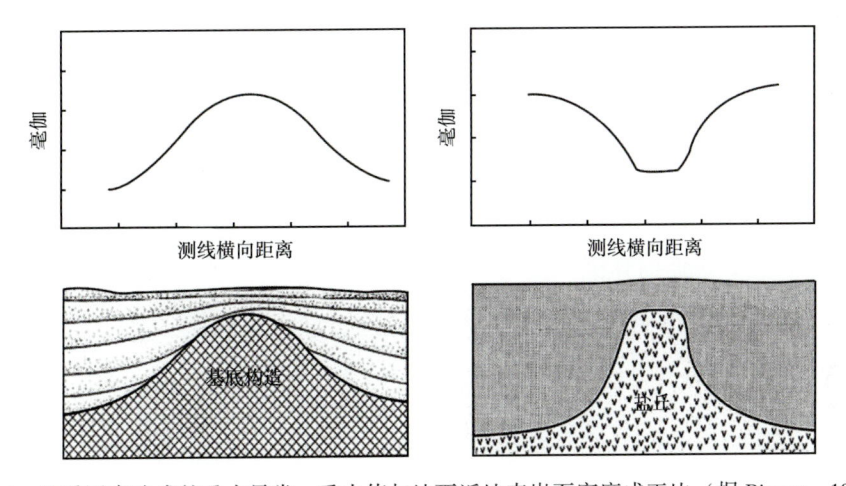

图 5.6 地质因素造成的重力异常，重力值与地下近地表岩石密度成正比（据 Piggott，1977）

（图 5.7），正异常与内华达山和加利福尼亚州沿海的山脉密切相关，负异常则对应于海洋和加利福尼亚州陆上的盆地。

重力勘探是石油工业开展区域普查的有效手段，可为进一步开展石油物探工作（即地震勘探）筛选有利的区带。

5.4.2 磁法勘探

受局部磁性岩石影响，地球磁场的强度和方向会出现异常。这种异常与重力异常相似，也可以通过仪器——磁力仪测量。磁法勘探通常也采用航空作业，作业时携带测量仪的飞机沿预设测网飞行并采集数据。采集到的数据通过绘制工区磁异常图展示。

沉积岩通常不具有磁性，故盆地结晶基底磁性岩石（如火成岩或变质岩杂岩体）的分

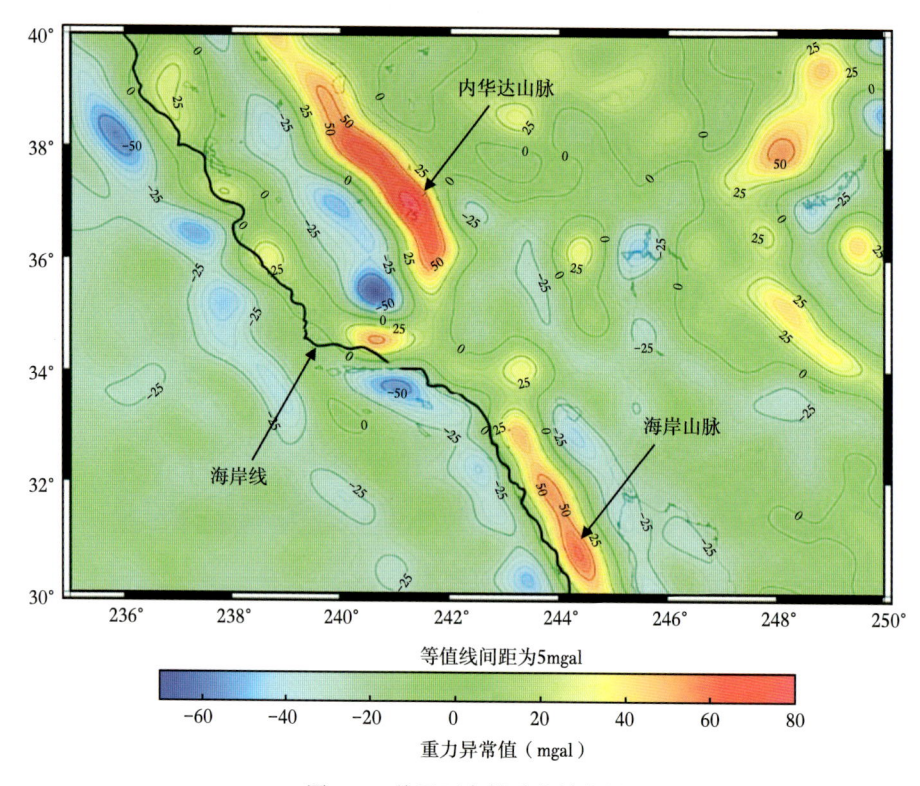

图 5.7 美国西南部重力异常图

布深度决定了磁异常的强度（图5.8）。磁异常图既可用于识别构造单元，也可用于分析区域基岩的分布深度，进而估算沉积盆地的地层厚度。以加利福尼亚湾北部的磁异常图为例

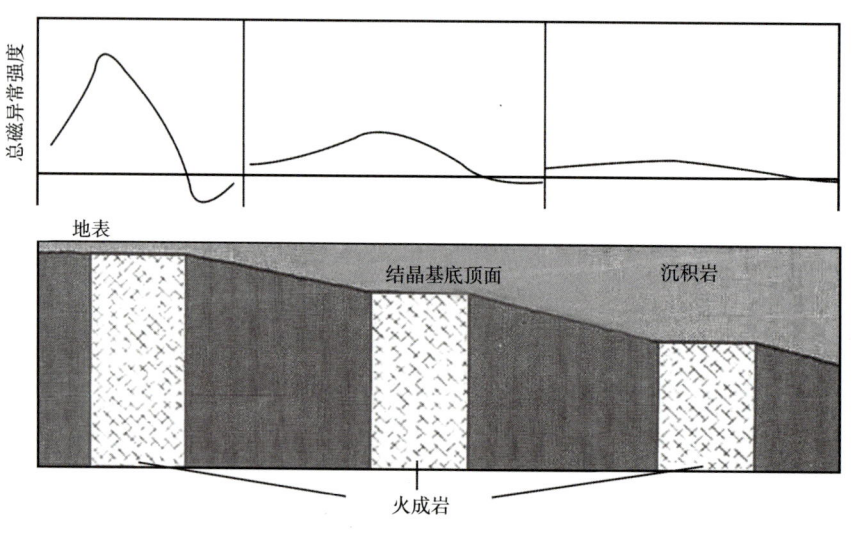

图 5.8 地质因素造成的磁异常，高异常值指示磁性岩（通常为结晶基底）
靠近地表分布（据 Piggott，1977）

(图 5.9)，夹于两条主断层（走向为 NW-SE）之间的 Altar 盆地为负异常，盆地北东和南西边缘因结晶基底埋藏深度浅为正异常。

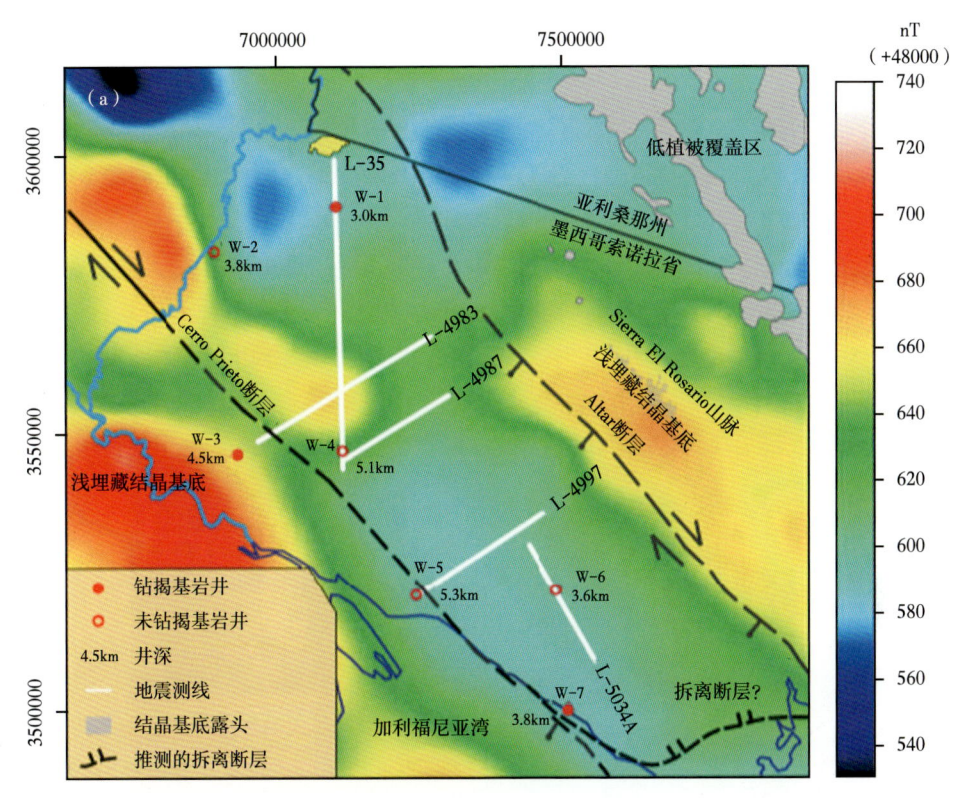

图 5.9　加利福尼亚湾北部磁异常平面图（据 Pacheco 等，2006）
中部 Altar 盆地为负异常，盆地北东和南西边缘因结晶基底埋藏深度浅为正异常

5.4.3　地震勘探

地震勘探是最重要的地球物理勘探技术，被广泛应用于陆上和海上油气勘探的各个阶段。采集地震数据时，需要向地下的岩层发射人工激发的地震波，并测量地震波从入射至反射回地表的时间。该时间是地震波从震源发出并向下传播至反射层，然后再反射回地面的时间，称为双程旅行时间，简写为 TWT，通常以秒为单位。利用回声测距原理，可根据双程时间将地震数据处理成地震剖面，进而展现出地下岩层的二维形态。因为深度为时间深度，并非真正的深度，故该时间域地震剖面不能算是真正的地质剖面，只有知道地震波在剖面地层中的传播速度，才能将其转换成真正的深度域地震剖面。由于地震波在不同地层中的传播速度通常是变化的，故时间域向深度域的转换存在不确定性，尤其在地震数据解释初期。随着解释的深入与约束条件的增加，这种不确定性可被逐渐消除。图 5.10 为地震剖面实例，图中彩色条带代表地层。

陆上地震勘探的地震仪器通常被固定于卡车上（图 5.11）。陆上地震勘探通常使用炸药震源和可控震源，前者通过引爆浅眼炸药冲击地表来产生地震波动，后者通过可控震源车（图 5.12）上的振动钢板冲击地面来产生地震波动。

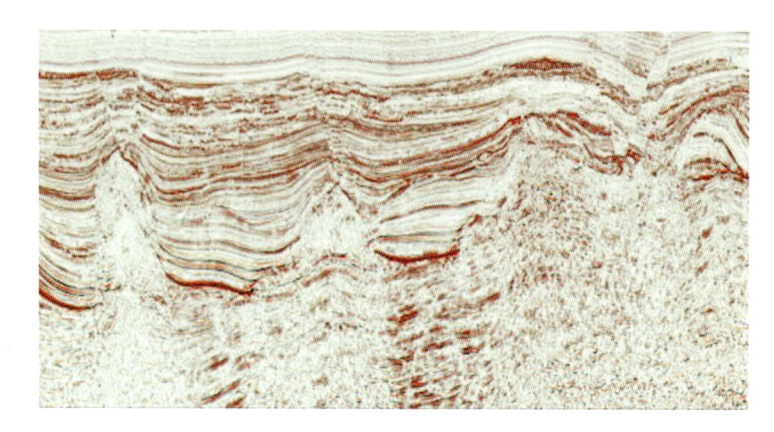

图 5.10 地震剖面实例，数据采集自西非加蓬海上勘探区块

图 5.11 地震仪器车

图 5.12 可控震源车

地震波向地下传播时，在岩层属性发生变化的地层界面会发生反射。这些反射波由地面上被称为检波器的仪器接收和记录（图 5.13）。地表检波器通常按直线或网格布置（图 5.14）。

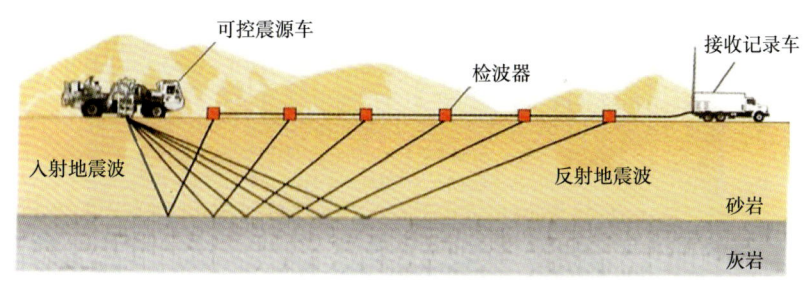

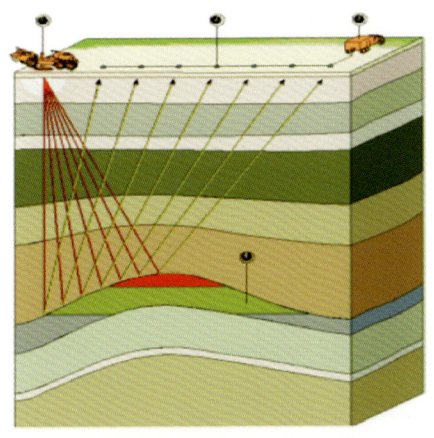

图 5.13　陆上地震数据采集基本原理（据 Marshak，2005）

图 5.14　陆上地震勘探使用的检波器（据 Sercel 公司）

海上地震勘探使用的检波器称为水听器，用电缆拖拽于测量船之后（图 5.15）。为避免危害海洋生物，海上地震勘探通常使用空气枪来代替炸药震源。空气枪的原理是利用压缩空气从气室中释放瞬间产生的振动来激发地震波。图 5.16 为海上地震勘探数据采集示意图。

因无须花时间反复布置水听器,也无须逐炮点前移,海上地震勘探施工具有持续性,比陆上地震勘探效率更高,故成本更低。相比之下,陆上地震勘探在建筑密集区域布置检波器不仅费力还费时,这无疑是极大的挑战。

图 5.15　海上地震勘探作业

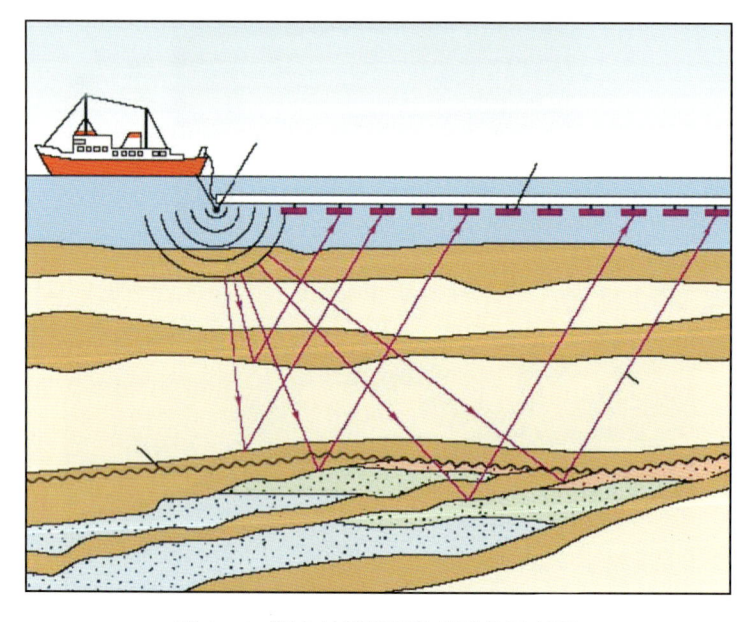

图 5.16　海上地震勘探数据采集示意图

5.4.3.1　地震波在界面的传播

当入射波传播至不同介质的界面时,其能量会分解成三部分(图 5.17):一部分沿着界面传播,以折射波(也称为滑行波)传播;另一部分反射回第一种介质中,以反射波传播;剩余部分透入第二种介质中,以透射波传播。不同介质界面对入射波的反射取决于界面上下介质声阻抗参数的差异。其中,声阻抗是密度和波速的乘积,在地震学中通常称为波阻抗,其表达式为:

$$I_a = V_P \times \rho \tag{5.1}$$

式中：V_p——纵波的速度；
ρ——介质的密度。

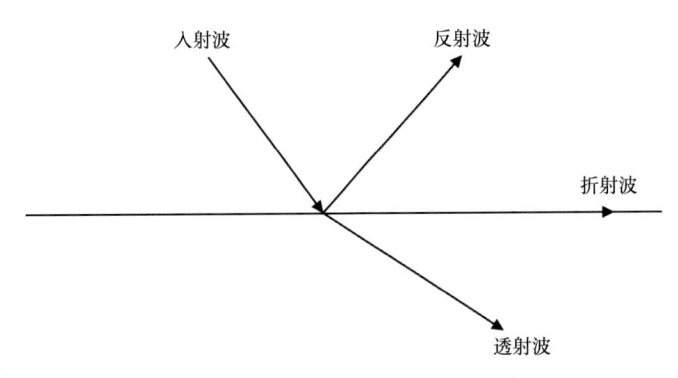

图 5.17 地震波在不同介质界面的传播

反射波与入射波的强度比称为反射系数，用 R 表示，其计算方法见图 5.18。波阻抗差异越大，不同地层界面的反射越强，地质分层越明显，反之，分层越模糊。

地层 1
纵波速度 = V_{p1}
密度 = ρ_1
———————————不同介质的界面
地层 2
纵波速度 = V_{p2}
密度 = ρ_2

$$界面的反射率 R = \frac{V_{p2}\rho_2 - V_{p1}\rho_1}{V_{p2}\rho_2 + V_{p1}\rho_1}$$

$$因为 V_p\rho = I_a$$

$$所以 R = \frac{I_{a2} - I_{a1}}{I_{a2} + I_{a1}}$$

图 5.18 不同介质界面反射系数的求取方法

5.4.3.2 地震勘探方法分类

地震勘探方法可分为二维、三维和四维三类。

（1）二维地震勘探通常用于开展区域普查，其数据采集网格间距为 2~3km。

（2）三维地震勘探用于为井位部署提供详细的信息，其数据采集网格间距为 20~30m，施工时通常需要布置数千个检波器或水听器。因为成本高，三维地震勘探通常仅针对二维地震勘探筛选出的有利区带。三维和二维地震勘探的详细区别见图 5.19。

（3）四维地震勘探指先后对同一工区开展两次及以上的三维地震勘探，其第四维指时间。四维地震勘探可用于监测油藏的流体变化，因为油气藏的特征会随流体饱和度的升降而变化。

5.4.3.3 地震数据处理

地震数据处理是一个很大的话题，本书仅做简要介绍。由检波器采集到的原始地震数

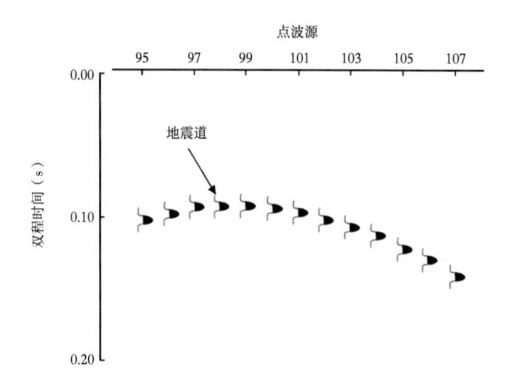

图 5.23 倾斜反射界面的正常时差（NMO）校正

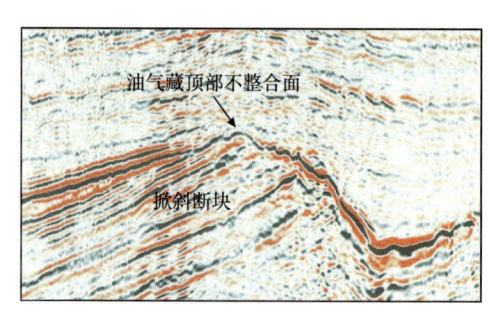

图 5.24 北海盆地挪威 Statfjord 大油气田圈闭东侧地震剖面（据 Bjorlykke，2010）

5.4.3.4 地震数据解释

地震数据解释的第一步是挑选出强的反射轴，然后在剖面中追踪它们并进行构造（如褶皱和断层）解释。现今，地震数据解释通常在配备双显示屏的工作站上展开，因为这样可以整合地震数据和井数据，从而方便地获取地下岩层的信息。油气藏的顶界面通常具有较强的地震反射特征，据此可在地震剖面中识别构造圈闭，尤其是背斜圈闭。不整合面通常也有较强的地震反射特征，如北海盆地挪威 Statfjord 大油气田，其掀斜断块圈闭顶部的削截不整合面在地震剖面上清晰可见（图 5.24）。

盐底辟的地震反射通常呈弱振幅空白状，这是因为盐岩的层状特征已在塑变流动过程中被破坏殆尽。以采集自波斯湾海上盐底辟活跃区的两条地震剖面为例，剖面图中盐底辟的地震反射呈杂乱状，沉积岩层的地震反射则以振幅强、连续性好为特征（图 5.25）。这

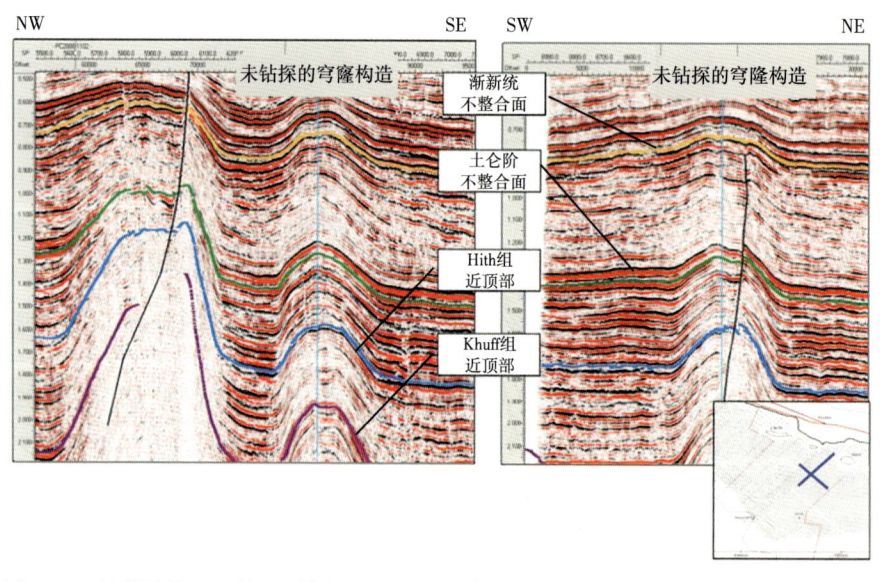

图 5.25 波斯湾海上二维地震剖面，可见弱反射盐底辟及盐底辟穹隆构造（尚未钻探）（据挪威油服公司 Global Geo Services AS，2000）

两条剖面中最引人关注的是尚未钻探的盐底辟穹隆构造，因为在该富油气区它是非常有利的钻探目标。

地震数据解释的一个重要目的是建立地质剖面，即将深度域地震剖面解释成地质剖面（图 5.26、图 5.27）。

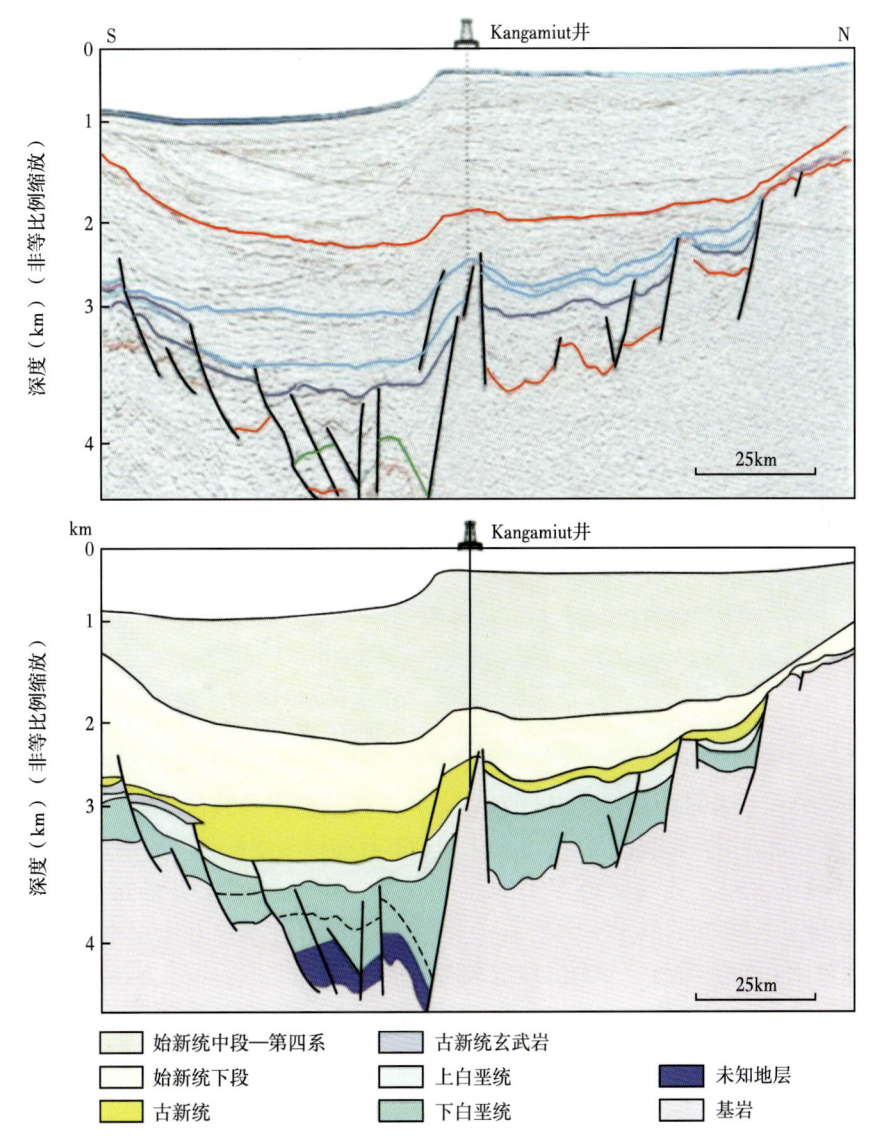

图 5.26 格陵兰岛西部海上地震剖面解释实例，即将地震剖面转变成地质剖面（据 Henriksen，2008）

尽管三维地震数据解释在过去的几十年中已取得长足的进步，形成多项技术，但其目前仍然是研究的热点，而且发展迅速。这些技术不仅能更准确地解释地下地层的构造，而且为更多地挖掘地质信息开拓了新的视野，如地震地层学技术和烃类直接检测技术。

烃类直接检测技术是一项重要的进步，其可在特定条件下直接检测出地下的烃类，其

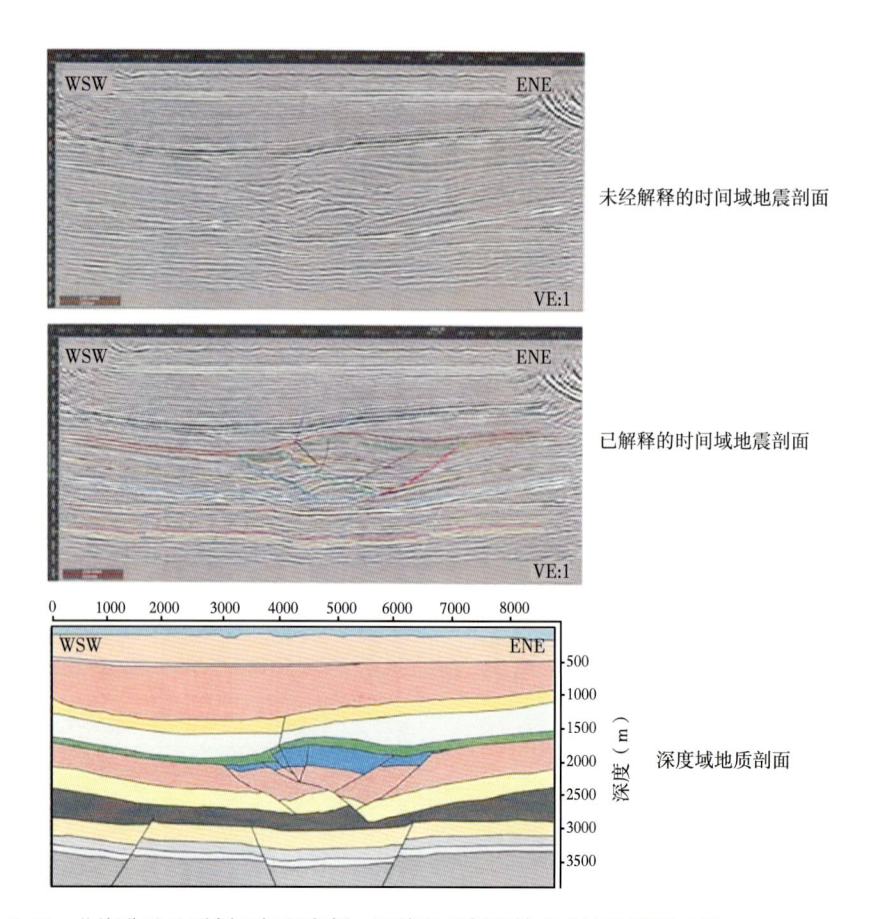

图 5.27 北海盆地地震剖面解释实例，即将地震剖面转变成地质剖面（据 Robinson，2014）

依据是地震波在气层和油水层中的传播存在差异。该差异或导致气—液界面产生反射并在地震剖面上形成水平的同相轴，即形成可作为烃类直接检测指标之一的平点（DHIs）。以挪威海上 Troll 气田为例，其气藏地震大剖面（图 5.28）除可见多条断层外，在时间深度 1700ms 处还可见长约 7km 的水平同相轴（平点）。地震波在油层和水层中的传播差异不明显，故油水界面在地震剖面上不会出现水平同相轴（平点）。

地震地层学在油气工业中应用十分广泛，其论述见下文。

5.4.3.5 地震地层学

如第 1 章所述，层序是一套相对整一、成因上有联系、以区域不整合面为界的地层。在地震地层学中，地震反射的强度、特征和叠置样式可用于分析岩石的物理属性及沉积环境。例如，图 5.29 根据 3D 地震数据解释出了河道，据此可推测河道的下游为三角洲；图 5.30 根据地震剖面解释出越南海上区块目的层的沉积模式，据此将该区块沉积环境从近端至远端依次划分为海岸平原、浅海和深海，同时将岩石地层单元划分为浅水的三角洲和浅海相碎屑岩及深水的海相页岩和碎屑岩。

本书不对地震地层学及其术语展开论述，仅将其在石油工业中的应用总结如下：

（1）建立沉积模型；

(2) 重建沉积环境；
(3) 分析沉积相；
(4) 研究地质历史；
(5) 预测未钻探区的岩石属性，如岩性、地层特征和孔隙度；
(6) 根据地震反射的终止关系识别不整合面。

地震地层学的这些应用对于油气勘探大有裨益。

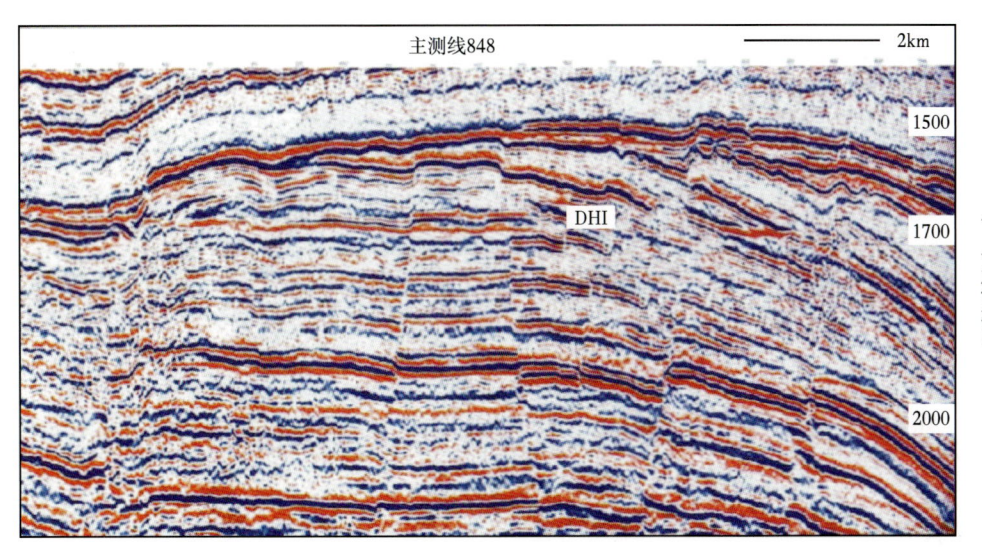

图 5.28　挪威 Troll 气田气藏地震大剖面（据 C. Jackson）
除了可见多条断层外，在时间深度 1700ms 处还可见长约 7km 的水平反射同相轴
（DHI，即平点，其是烃类直接检测指标，指示存在气水界面）

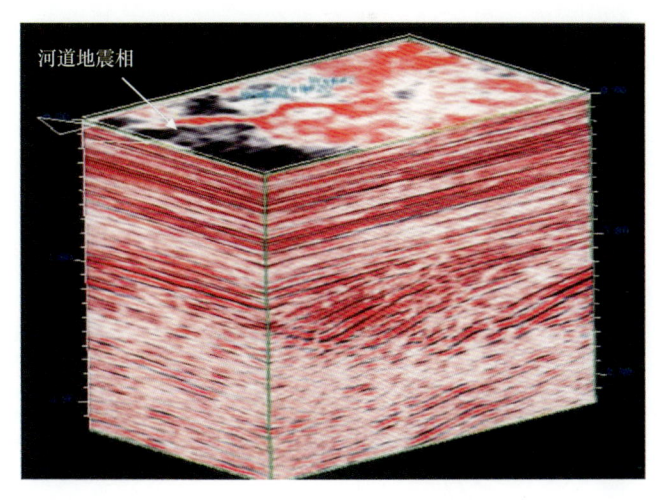

图 5.29　3D 地震数据河道解释

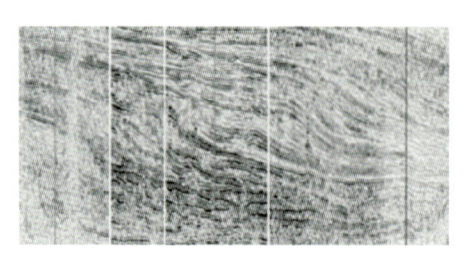

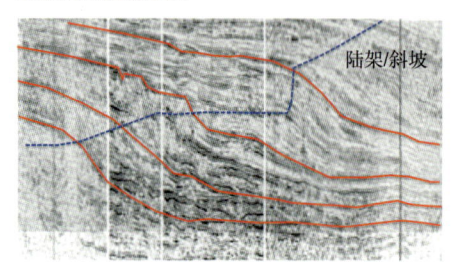

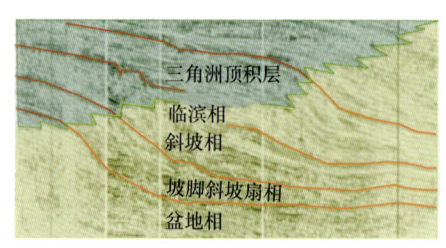

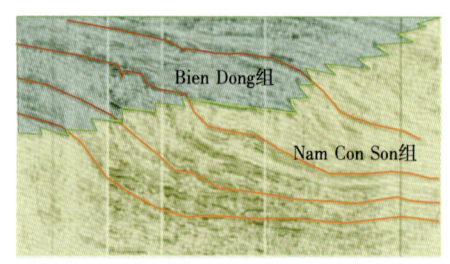

图 5.30　越南海上区块地震地层解释实例（据 Matthews 等，1997 修改）

5.5　地下等值线图

等值线图由相邻等值数据点的连线构成。其应用十分广泛，可用于展示地下岩石的各种属性。等值线图的种类繁多，下文仅阐述石油地质研究中最常用的类型。

5.5.1　构造等高线图

构造等高线图是石油地质行业最早使用的地下等值线图件，其应用史可追溯至美国东部现代石油工业的早期至 19 世纪后期。该类图件以某一平面（通常是海平面）为基准面，用于展示目标层面（如地层的界面或区域不整合面）的形态及空间变化（图 5.31、图 5.32）。其成图范围可以是油田或盆地的尺度，前者通常对应于油气藏的顶界或底界，后者通常对应于组或群等大面积分布岩石地层单元的顶界。

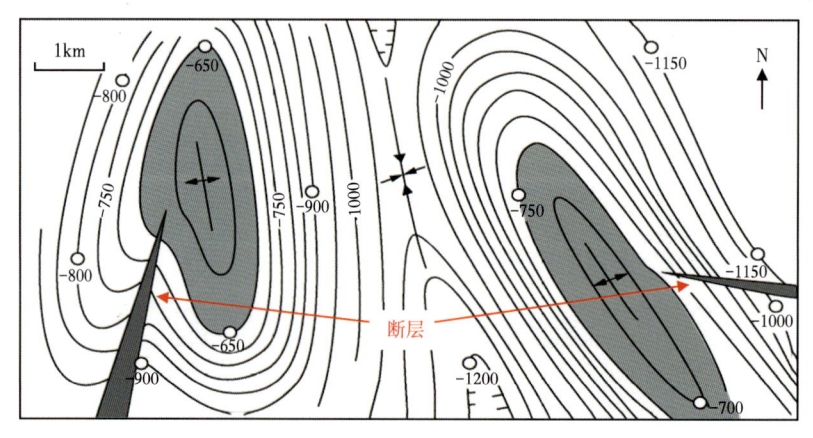

图 5.31　褶皱构造等高线图实例，可见两个对称背斜、一个向斜及两条断层（等值线间距单位为 m）

构造等高线图编图使用的数据是油气井钻揭的目标层面深度，其成图可分成两个步骤：一是将目标层面控制点（如井点）的深度投在底图中，二是将底图中数值相等的相邻控制点连线形成等值线。该等值线越密集，说明地层倾角越大，可能存在褶皱构造；反之，则说明地层倾角平缓（图5.31、图5.32）。图5.31构造等高线图可见两个背斜、一个向斜及两条断层；翼部等值线呈等间距分布，说明该褶皱为对称褶皱，背斜为对称背斜。图5.32构造等高线图可见三个背斜、两个向斜及两条断层；背斜西北翼等值线间距小，说明该皱褶西北翼较东南翼陡，皱褶为不对称皱褶，背斜为不对称背斜。

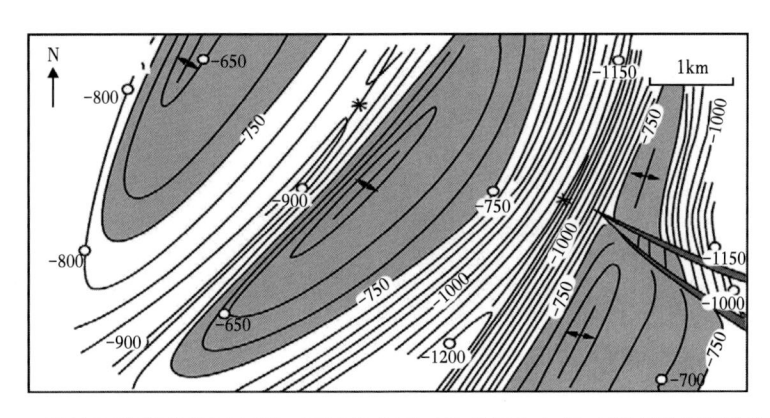

图5.32 褶皱构造等高线图实例，可见多个不对称背斜和向斜（等高线间距单位为m）

油田尺度的构造等高线图实例见图5.33和图5.34。图5.33为沙特阿拉伯Abqaiq大油田油藏顶界构造等高线图，可见一个轴线延伸方向为NNE-SSW的长轴对称背斜；最深的闭合等高线深度为7200ft，最浅的闭合等高线深度为5800ft，二者的差1400ft即为该背斜的闭合高度（褶皱脊部最高点与溢出点的垂直距离，见图4.37）。图5.34为已标注油水和油气界面的哈萨克斯坦Karachaganak油田（含凝析气）油藏顶界构造等高线图，可见该油气圈闭为一穹隆构造。油田尺度的构造等高线图是常规油气储量计算的重要图件，因为油水、油气界面可直接用于计算含油和含气面积。

区域或盆地尺度的构造等高线图主要用于展示目标层面在区域内的深度变化，其中，目标层面通常是储集单元的顶界或区域不整合面。此类图件可用于估算钻井

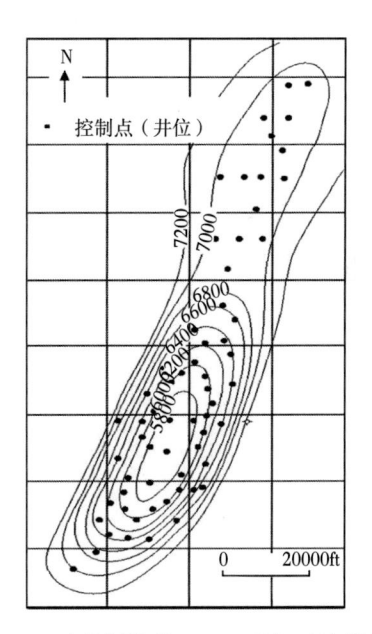

图5.33 沙特阿拉伯Abqaiq油气田油藏顶界构造等高线图（据Levorsen，1967修改）
可见一个轴线延伸方向为NNE—SSW的长轴对称背斜，其翼部相对平缓，但圈闭闭合高度高达1400ft

目标的深度，如利比亚 Ghadamis 盆地和 Morzuk 盆地主力产层 Acacus 组（奥陶系—志留系）顶界的构造等高线图（图 5.35）。

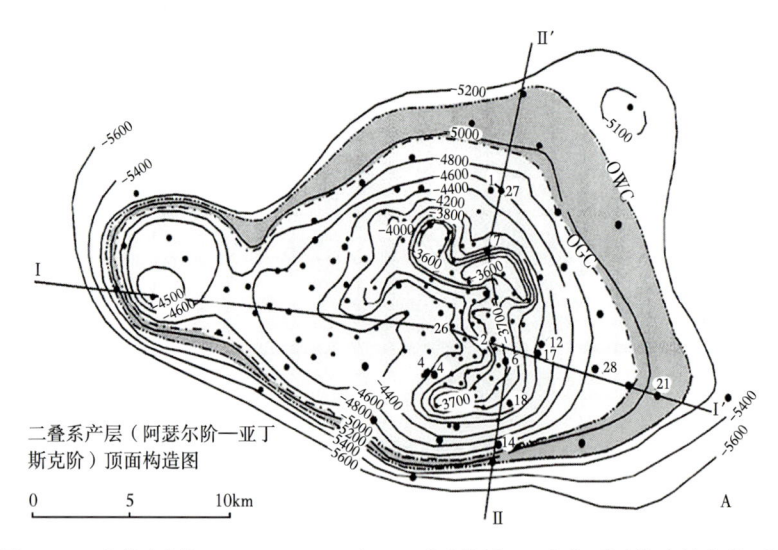

图 5.34 哈萨克斯坦 Karachaganak 油田（含凝析气）油藏顶界构造等高线图，其中虚线 OGC 与 OWC 分别为油气界面和油水界面（据 Effmoff，2001）

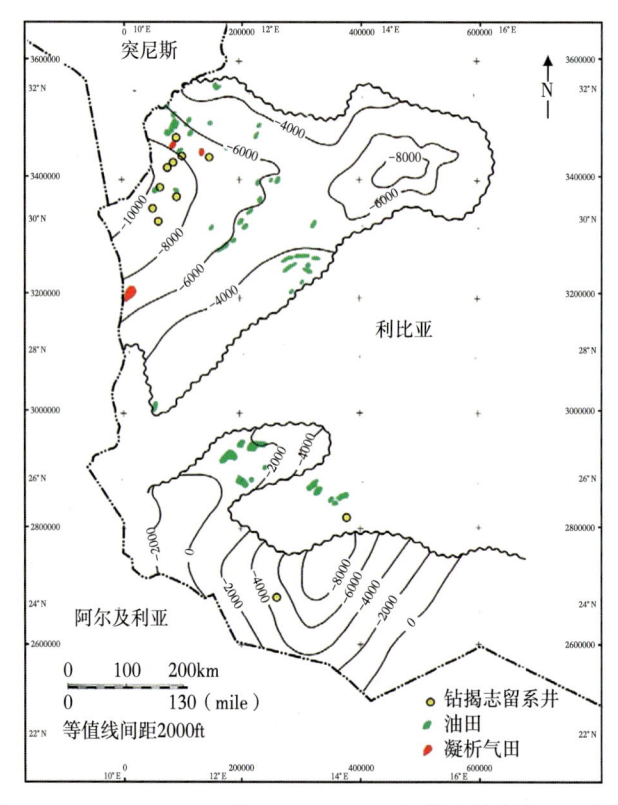

图 5.35 利比亚 Ghadamis-Morzuk 盆地 Acacus 组顶面构造等高线图（据 Rusk，2001）

5.5.2 厚度等值线图

厚度等值线图用于展示目的层厚度在平面上的变化，其编图范围与构造等值线图相同，可以是油田或盆地尺度。此类图件编图使用的数据是目的井段的厚度，由目的井段底界深度减去顶界深度得到。其编图过程也是先将控制点（如井点）的厚度投在底图中，然后将底图中数值相等的相邻控制点连线形成。

油田尺度厚度等值线图的目的层为产层，如加利福尼亚州 Taipia Canyon 油田产层的厚度等值线图（图 5.36）。该图最大厚度位于西北端，可达 120ft。此类图件也是常规储量计算的重要图件，因为产层厚度图可用于计算油水界面或气水界面之上圈闭的容积。

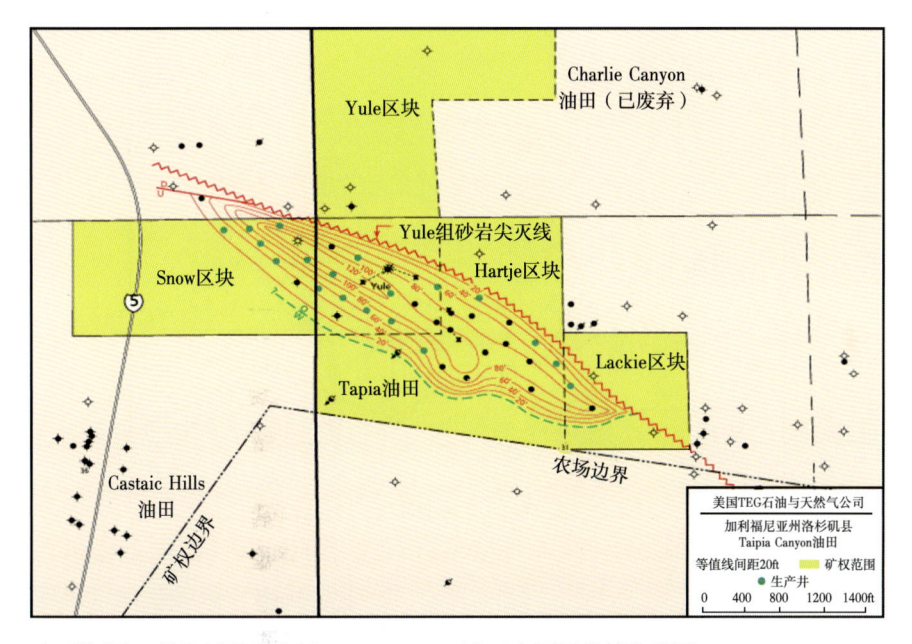

图 5.36 加利福尼亚州洛杉矶西北部 Taipia Canyon 油田产层厚度等值线图（www.seftonresources.com）

区域或盆地尺度的厚度等值线图可用于展示特定储层或多套储层的厚度在区域上变化，其应用在于预测有利的储集层分布区。以利比亚的 Ghadamis 盆地和 Morzuk 盆地为例，根据主力产层 Acacus 组的厚度等值线图可知该区域最厚的储层分布于 Ghadamis 盆地的西北部，达 2000ft 以上（图 5.37）。

5.5.3 岩相图

岩相图通常包括两种或两种以上岩相，可用于分析岩相变化引起的储层分布及品质的变化。例如，包含三类岩相的得克萨斯州—新墨西哥州二叠盆地的中二叠统岩相图（图 5.38），可见碳酸盐岩和砂岩是主力产层；包括多类岩相的科威特—伊拉克南部下白垩统岩相图（图 5.39），可见砂岩是多个油田的主力产层，蕴藏着巨量的石油。

该类图件种类繁多，但以砂岩/页岩厚度比图和岩相（如砂岩）等值线图最为常见。砂岩/页岩厚度比图用于描述工区内砂岩和页岩的厚度变化，其编制通常分为三个步骤：首先需要区分每口控制井的砂层和页岩层并分别累加厚度；然后计算每口控制井砂岩与页岩总

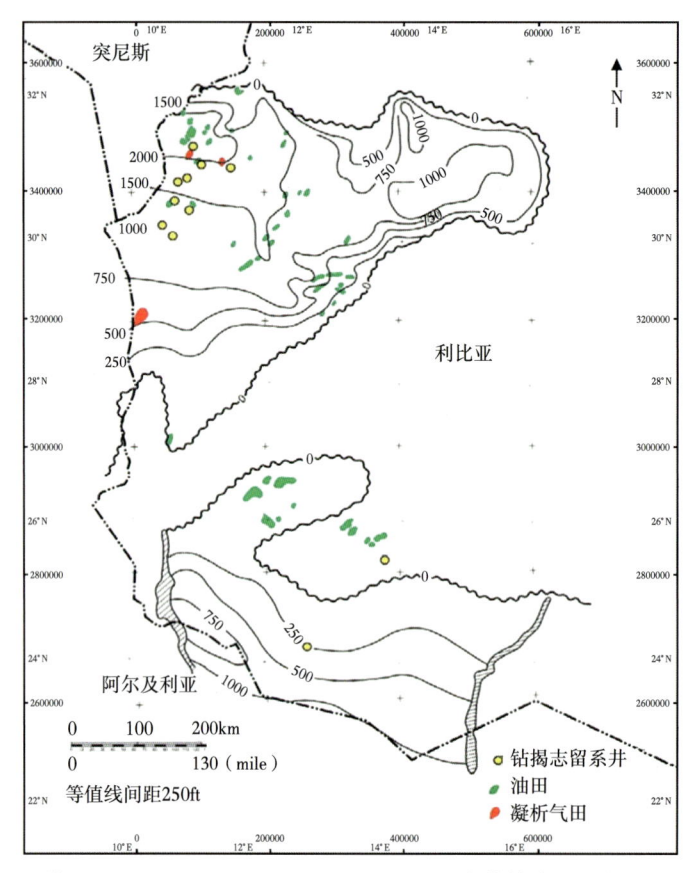

图 5.37 利比亚 Ghadamis-Morzuk 盆地 Acacus 组厚度等值线图（据 Rusk，2001）

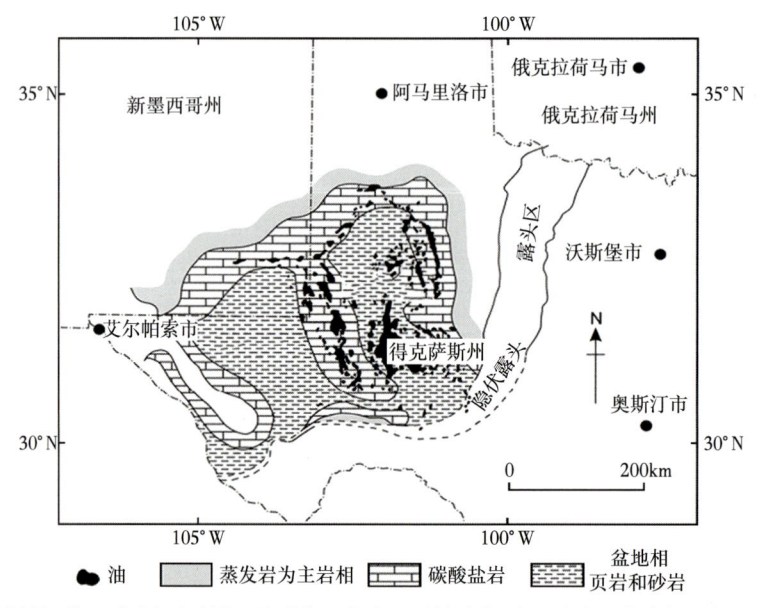

图 5.38 得克萨斯州西部—新墨西哥州二叠系盆地的中二叠统岩相图，可见三类岩相（据 North，1985 修改）

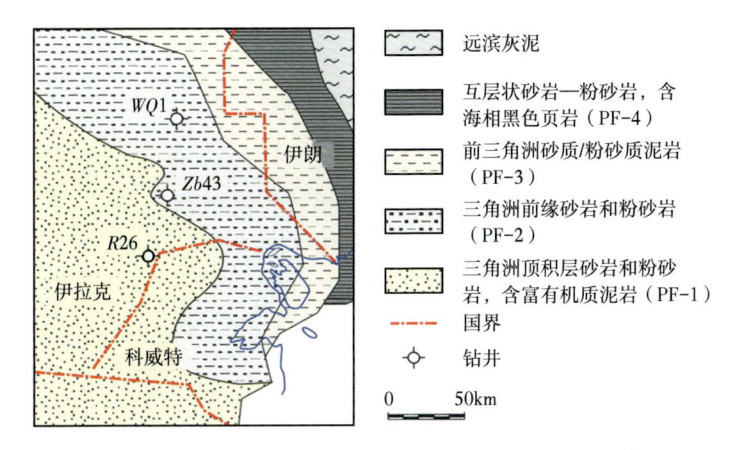

图 5.39　科威特—伊拉克南部下白垩统岩相图（据 Aqrawi 等，2010）

厚度的比值，并将该值投在底图中；最后将底图中数值相等的相邻井点连线形成等值线。以得克萨斯州墨西哥湾海岸始新统 Wilcox 组为例，砂岩/页岩厚度比图显示砂岩百分比从西北向东南方向增大，说明储层品质沿此方向趋好（图 5.40）。岩相等值线图用于描述工区内特定类型岩石净厚度的变化，以砂岩厚度等值线图最为常见。以得克萨斯州墨西哥湾海

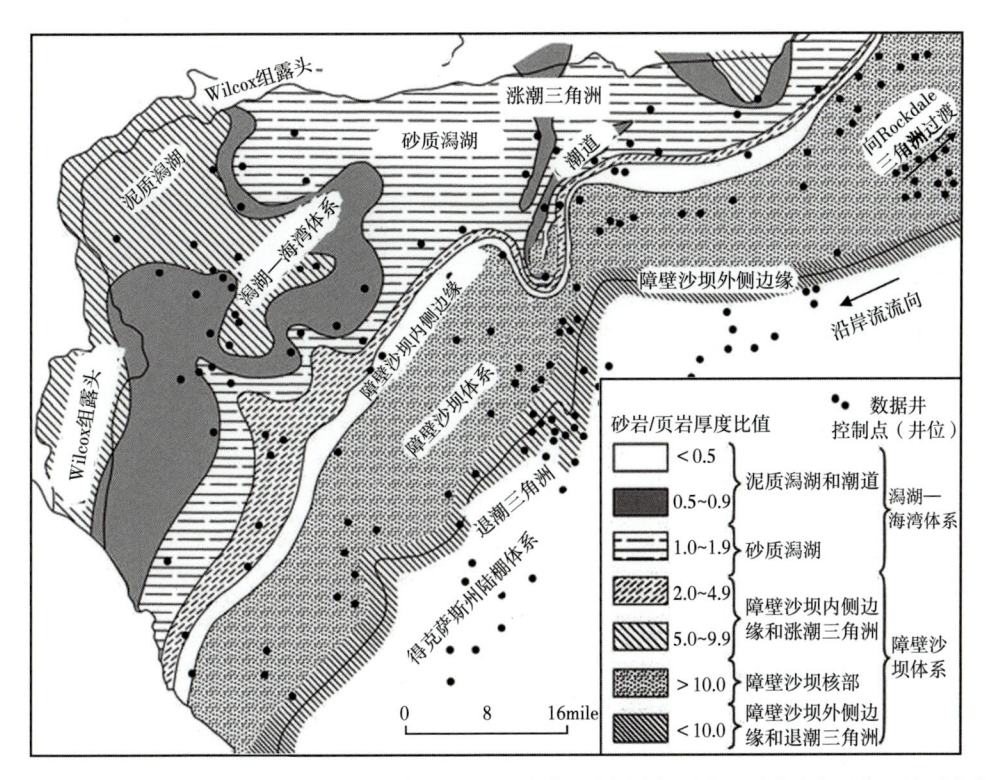

图 5.40　得克萨斯州墨西哥湾海岸始新统 Wilcox 组砂岩/页岩厚度比图，可见砂岩百分比从西北向东南方向增大，指示储层品质沿此方向趋好（据 North，1985 修改）

岸始新统 Wilcox 组为例，其砂岩厚度等值线图见图 5.41，该图砂岩厚度高值区与图 5.40 砂岩/页岩厚度比高值区一致。此类图件的编制也分为三个步骤：首先是区分每口控制井的砂岩层并将厚度累加；然后将厚度值投在底图中；最后将底图中数值相等的相邻井点连线形成等值线。

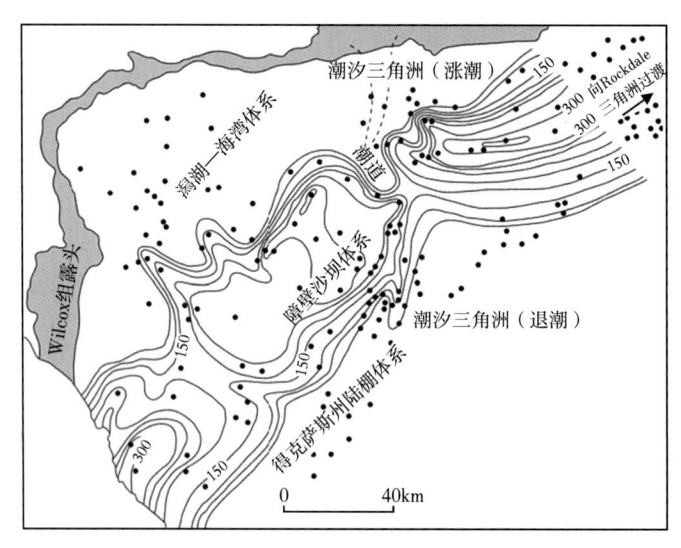

图 5.41　得克萨斯州墨西哥湾海岸始新统 Wilcox 组砂岩厚度等值线图，可见砂岩厚度高值区与图 5.40 砂岩/页岩厚度比高值区一致（据 North，1985 修改）

5.5.4　孔隙度和渗透率等值线图

孔隙度和渗透率等值线图分别用于描述目的层孔隙度和渗透率平均值在平面上的变化，如北海盆地 Rough 气田的孔隙度图（图 5.42）和渗透率等值线图（图 5.43）。据孔隙度和

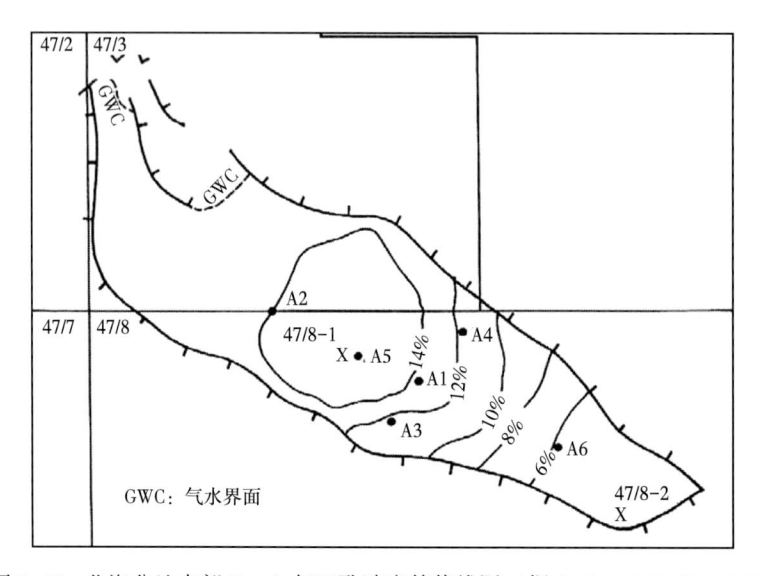

图 5.42　北海盆地南部 Rough 气田孔隙度等值线图（据 Archer & Wall，1986）

渗透率等值线图可知，Rough 气田储层物性在中部最好，向东南方向逐渐变差。孔隙度高通常说明储层储集性能好，渗透率高通常伴随着高产，故该气田中部产能最高。

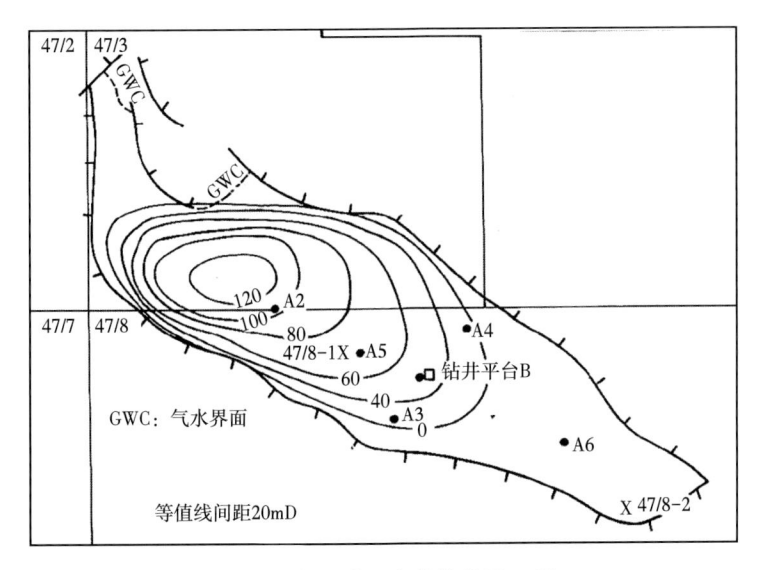

图 5.43　北海盆地南部 Rough 气田渗透率等值线图（据 Archer & Wall，1986）

5.6　圈闭、目标与风险评价

5.6.1　圈闭和目标

油气勘探无法完全避免风险，即便在已发现油气田的区带也仅有一部分钻井可获成功。初步勘探（或区域普查）开始之后，勘探家需要识别出圈闭和目标并根据潜力对其进行排序。其中，圈闭指基于区域地质研究和二维地震解释资料筛选出的潜在钻探对象，其在实施钻探前通常还需要开展进一步的评价工作；目标指基于详细的评价和三维地震解释资料落实的钻探目标。

完成圈闭排队后，需要编制有利圈闭或目标的分布图，并标出油气的生成区域和圈闭的分布位置。其中，油气的生成区域也称为生烃灶，通常是盆地的中心区域。该处沉积物埋藏深度最大，经历的地温最高，故烃源岩通常可达成熟阶段并生成油气。一旦生成，油气将向盆地边缘运移，并充注于沿运移通道分布的圈闭。此类圈闭通常是最佳钻探对象。如图 5.44 所示，格陵兰岛西南海域有利圈闭或目标分布图可见三个潜在的生烃灶、潜在的油气运移路径，以及沿油气运移路径分布的多个穹隆圈闭。

5.6.2　风险评价

如第四章所述，控制油气分布的地质要素包括：
（1）成熟的烃源岩；
（2）储层；
（3）圈闭；
（4）盖层和遮挡条件；
（5）圈闭形成与油气运聚的时间匹配关系。

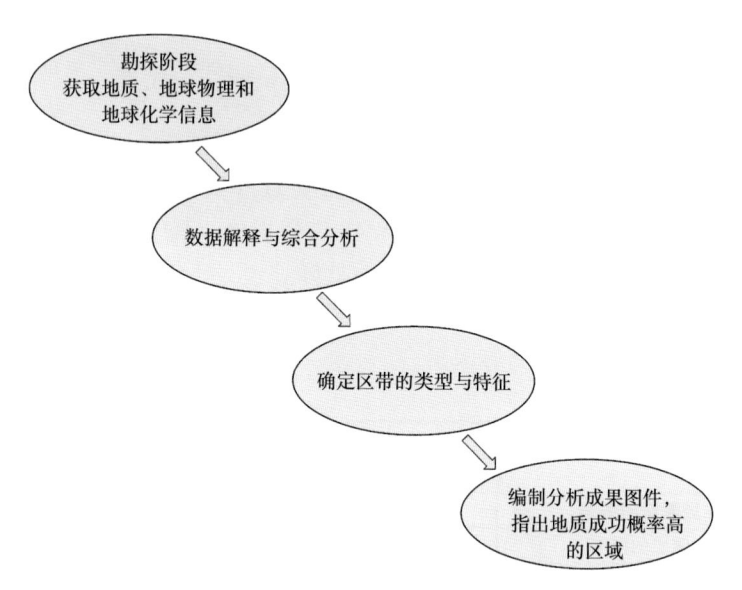

```
┌─────────────┐
│  勘探阶段    │
│ 获取地质、地球物理和 │
│  地球化学信息  │
└──────┬──────┘
       ↓
┌─────────────┐
│ 数据解释与综合分析 │
└──────┬──────┘
       ↓
┌─────────────┐
│ 确定区带的类型与特征 │
└──────┬──────┘
       ↓
┌─────────────┐
│ 编制分析成果图件， │
│ 指出地质成功概率高 │
│   的区域    │
└─────────────┘
```

图 5.47　有利勘探区带评价步骤

参 考 文 献

Aqrawi, A. M. A., Goff, J. C., Horbury, A. D. et al. (2010). The Petroleum Geology of Iraq, Scientific Press, UK.

Archer, J. S. and Wall, C. G. (1986). Petroleum Engineering: Principles and Practice, Graham and Trotman, UK.

Bjorlykke, K. (2010). Petroleum Geoscience: From Sedimentary Environments to Rock Physics, Springer, London, UK.

Bureau of Minerals and Petroleum, Greenland (2009). Annual Report, 2008, BMP Greenland, Nuuk, Greenland.

Effmoff, I. (2001). "Future hydrocarbon potential of Kazakhstan", in Downey, M. W., Threet, J. C. and Morgan, W. A. (eds.), Petroleum Provinces of the Twenty-First Century, AAPG Memoir 74, AAPG, Tulsa, OK.

Fox, A. F. (1970). "General geological introduction", in Our Industry Petroleum, British Petroleum Company Ltd., London, UK.

Global Geo Services AS (2000). The Persian Carpet Seismic Survey, www. GGS no.

Henriksen, N. (2008). Geological History of Greenland, Geological Survey of Denmark and Greenland (GEUS), Copenhagen, Denmark.

Levorsen, A. I. (1967). Geology of Petroleum, 2nd Edition, W. H. Freeman, San Francisco, CA.

Lowell, J. D. (1985). Structural Styles in Petroleum Exploration, Pennwell Corp., Tulsa, OK.

Marshak, S. (2005). Earth: Portrait of a Planet, 2nd Edition, W. W. Norton, New York, NY.

Matthews, S. J., Fraser, A. J., Lowe, S. P. et al. (1997). "Structure, stratigraphy and petroleum geology of the SE Nam Con Son Basin, off shore Vietnam", in Fraser, A. J., Matthews, S. J and Murphy, R. W. (eds.), Petroleum Geology of Southeast Asia, Geological Society Special Publication 126, The Geological Society Publishing House, Bath, UK.

Morzuk Basin, Libya, in 'Sand Sea in Southwestern Libya (2011)'. Available online at: https://earthobservatory. nasa. gov/IOTD/view. php? id=76652.

North, F. K. (1985). Petroleum Geology, Allen and Unwin, London, UK.

Pacheco, M. , Martin-Barajas, A. , Elders, W. et al. (2006). Stratigraphy and structure of the Altar Basin of NW Sonora: Implications for the history of the Colorado River Delta and the Salton Trough, Revista Mexicana de Ciencias Geológicas, 23, 1-22.

Piggott, H. D. G. (1977). "Geophysical prospecting", in Our Industry Petroleum, British Petroleum Company Ltd. , London, UK.

Robinson, S. (2014). 3D structure of the Kelvin Collapse Graben, North Sea, unpublished MSc dissertation, Imperial College London, UK.

Rusk, D. C. (2001). "Libya: Petroleum potential of the underexplored Basin centres — a Twenty-First-Century Challenge", in Downey, M. W. , Threet, J. C. and Morgan, W. A. (eds.), Petroleum Provinces of the Twenty-First Century, AAPG Memoir 74, AAPG, Tulsa, OK.

6 资源和储量

6.1 概述

资源一词含义广泛，泛指所有富集的商业原料矿产，包括各种固体矿产和石油。在当前的技术条件下，资源总量中可供商业开采的部分称为储量。

在石油工业中，常规和非常规油气需要区别对待。前者赋存于储集岩的孔隙中，可通过部署开发井开采；后者赋存于页岩中，通过人工压裂方可实现商业开采。页岩中非常规油气的商业开采直至近年才得以实现，这得益于美国20世纪90年代中期开发技术的突破。这些突破性技术指水平井钻井技术和水力压裂技术。前者所钻水平井在页岩段水平延伸可达10~12km，后者现在简称为压裂。得益于此，美国在21世纪初实现了页岩油气产量的大幅度飙升，实现了天然气的自给自足和原油进口量的大幅下降，从而改变了其国内的能源格局。尽管含油气的页岩在全球分布广泛，但大规模的页岩油气开采目前仅限于北美，其他地区仍处于起步阶段。

除了页岩油气之外，还有一类非常规油气非常特殊，即赋存于油砂的大比重、高黏度重油，其比重可达5°~15°API。油砂分布于地表或近地表，储量规模巨大者当数加拿大和委内瑞拉。技术的进步已使页岩油气和重油实现了商业开采，这使得页岩气、页岩油和油砂被归类为可采储量。

6.2 储量分类与评估

为规范油气资源分类和评价的标准与流程，美国石油工程师协会（SPE）、美国石油地质家协会（AAPG）、世界石油大会（WPC）和美国石油评价工程师协会（SPEE）于2011年联合发布了石油资源管理系统（Petroleum Resources Management System，简称SPE-PRMS）应用指南。该指南被国际油气工业广泛应用，因其为全球的油气商贸活动提供了普适性的参考并促进了交流。

资源量和储量的关系及术语见图6.1。各类储量及关系简述如下：

（1）原地量：指未投产油气田中赋存的石油和天然气总量，仅部分可被采出，也称为储罐油地质储量（缩写为STOIIP）或总原地资源量。

（2）已发现的原地储量（或资源量）：包括经济可采储量和次经济可采资源量。经济可采储量根据可靠程度，进一步划分为证实的、概算的和可能的储量。证实储量指通过现有井可从已知油气田边界（探明区块）内采出的油气总量，它是最重要的储量类型；概算储量指预期可从已知油气田边界（探明区块）之外或之下采出的油气总量；可能储量指根据现有资料解释认为，概算面积之外的区域或产层，预期可采出的油气总量。次经济可采资源量是潜在的资源量，指赋存于已知的油气藏，当前因没有合适的市场、技术水平不够或尚处于早期评价阶段而无法实现商业开采，但在特定时期可被采出的油气，可进一步划分为低估值、最佳估值和高估值潜在资源量。

(3) 未发现的原地资源量：指一个地区未发现的储集体预期可发现的油气总量，其不确定性最大。

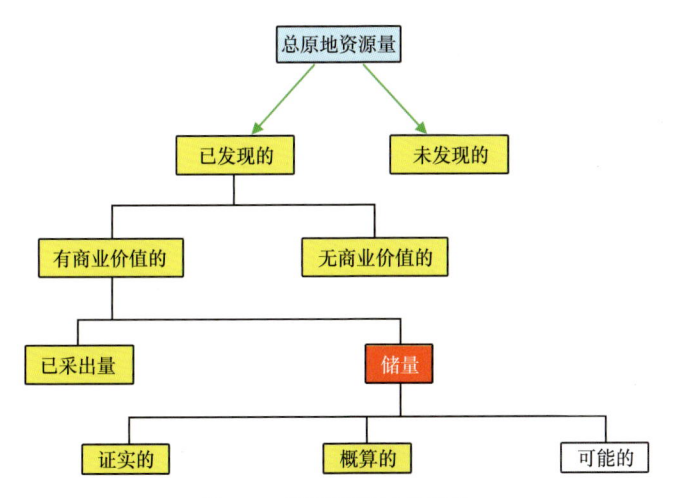

图 6.1　资源和储量的定义

当前，石油工业广泛使用的油气资源分类方案见图 6.2。

图 6.2　油气资源分级体系（据 SPE-PRMS，2011）

IP 指证实储量，是储量的低估值；2P 指概算储量，是证实储量与概算之和，是储量的最佳估值；3P 指可能储量，是证实储量、概算储量和可能储量之和，是储量的高估值。1C 指低估值的潜在资源量；2C 指最佳估值的潜在资源量；3C 指高估值的潜在资源量。

6.3　储量计算

计算储量的方法可分为容积法和动态法两类。因计算复杂，而且需要长期的产能数据，后者不适用于开发初期或短期开发，故本章不做讨论。容积法可进一步分为确定性法和概率法，各自特征及计算过程见下述。

6.3.1 确定性法

确定性法仅得出一个储量或 STOIIP 值。该方法的计算可在便携式计算器上进行，但需要评估师事先精确计算出 STOIIP 计算公式中多个参数的平均值。该方法的计算过程如下：

第一步是先确定含油气储层的体积。该值是含油气面积（通过构造等高线图确定）与油水界面（或气水界面）之上储层总厚度平均值的乘积（图 6.3），其物理意义是储层的总体积（GRV），表达式为：

$$GRV = A \times H \tag{6.1}$$

式中：A——含油气面积（acre 或 ha）；

H——油水（或气水）界面之上储层总厚度平均值（ft 或 m）。

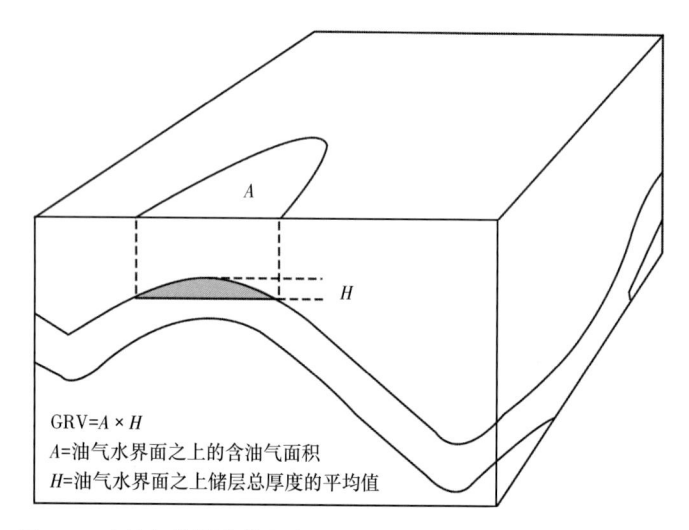

图 6.3 含油气储层总体积定义（据 White & Gehman，1979 修改）

由于储层普遍含无产能且对岩石储集能力没有贡献的夹层（低孔隙或无孔隙），储量计算时应剔除此类夹层，区分有效储层，以计算储层的有效体积。储层的有效体积 = GRV × N/G。其中，N/G 称为净毛比，是产层的有效厚度与总厚度的比值（图 6.4）。如图 6.4 所示，产层总厚度是油水（或气水）界面之上储层的总厚度，产层有效厚度是油水（或气水）界面之上有效储层厚度的累加。无效储层通常是非渗透性地层。因此，可通过放射性和电性测井来区分无效储层和油气层，前者的一般特征是伽马曲线为高值，后者的一般特征是伽马曲线为低值且电阻率曲线为高值（见第 8 章），因为不导电的油气层通常具有高电阻率特征。

第二步是根据有效产层的孔隙度和含油气饱和度最优的平均值，估算出油气的地质储量。原油地质储量（缩写为 OIIP）的计算公式为：

$$OIIP = GRV \times N/G \times \phi (1-S_w) \tag{6.2}$$

式中：ϕ——最合理的平均孔隙度；

S_w——最合理的平均含水饱和度；

$1-S_w$——含油饱和度。

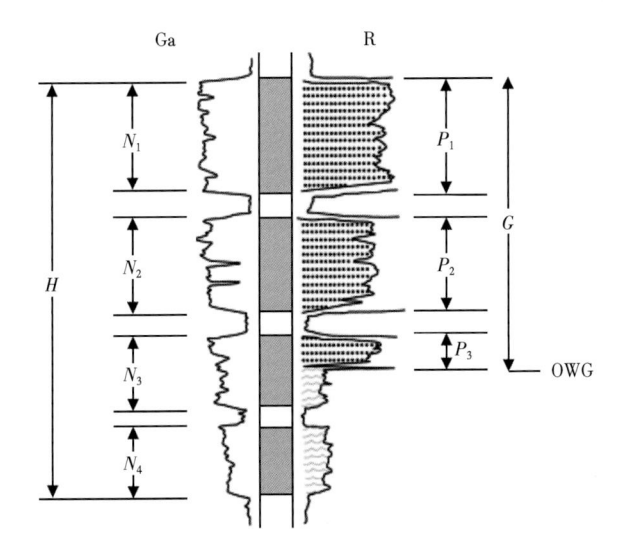

图 6.4 储层净毛比的定义及相关参数的内涵（据 Dikkers，1985 修改）

将 OIIP 除以一个系数，即可求出储罐油地质储量（STOIIP），即 STOIIP 有如下计算公式：

$$\text{STOIIP} = [\text{GRV} \times \text{N/G} \times \phi(1-S_w)]/B_o \tag{6.3}$$

式中，B_o 是原始原油体积系数，它是将地下原油体积换算成地表脱气后体积的重要参数。原油在地下油藏的温度和压力条件下普遍含有溶解气，被采出至地表后，由于温度和压力下降，会脱出溶解气并发生体积收缩。因此，油藏条件下的一桶油，在地表条件下不足一桶。原油体积的收缩量取决于气油比（简称 GOR）。GOR 定义为采出一桶原油带出的天然气量（ft³）。B_o 需要在实验室测定，通过压力—体积—温度（PVT）状态方程求取，其大小一般介于 1.1~1.6 之间，与 GOR 成正比。

因受压力影响比原油强烈，天然气从地下（高压）采出至地表（低压）后体积通常会膨胀数倍。这说明地表 1ft³ 天然气在气藏条件下远不足 1ft³，故天然气地质储量的计算也要考虑体积系数—天然气体积系数（B_g）。天然气地质储量计算公式为：

$$\text{天然气地质储量(GIIP)} = [\text{GRV} \times \text{N/G} \times \phi(1-S_w)]/B_g \tag{6.4}$$

如前文所述，油气藏中只有部分油气可被采出，故需要将地质储量（STOIIP 或 GIIP）乘以采收率（简称 R）才能计算出可采储量。可采储量的计算公式如下：

$$\text{原油可采储量} = [\text{GRV} \times \text{N/G} \times \phi(1-S_w) \times R]/B_o \tag{6.5}$$

$$\text{天然气可采储量} = [\text{GRV} \times \text{N/G} \times \phi(1-S_w) \times R]/B_g \tag{6.6}$$

式中，R 值取决于生产机制、渗透率、岩石—流体的界面张力，以及油气的黏度和密度等变量。其中，生产机制指使用天然能量开发油气田时，将油气从储层驱替至生产井的驱动方式，其对采收率影响巨大。根据天然能量的差异，可将驱动方式分为溶解气驱、气顶气驱和天然水驱三类。

溶解气驱时，若油藏压力因原油采出而下降至低于饱和压力，溶解气会从油层中析出并不断膨胀。这种膨胀作用可将原油从孔隙推至井底直至井口，并使油藏维持稳定的压力。

气顶气驱发生于含有气顶的油藏，其作用机制见图6.5。伴随着原油采出与压力的下降，从油藏下部油层（油脚）解析出的溶解气会上移进入气顶，并使气顶的范围扩大下移。在气顶的这种扩张下移过程中，天然气会占据原先由原油充注的孔隙，并将原油从储层推至井底直至井口，同时使油水界面下移。

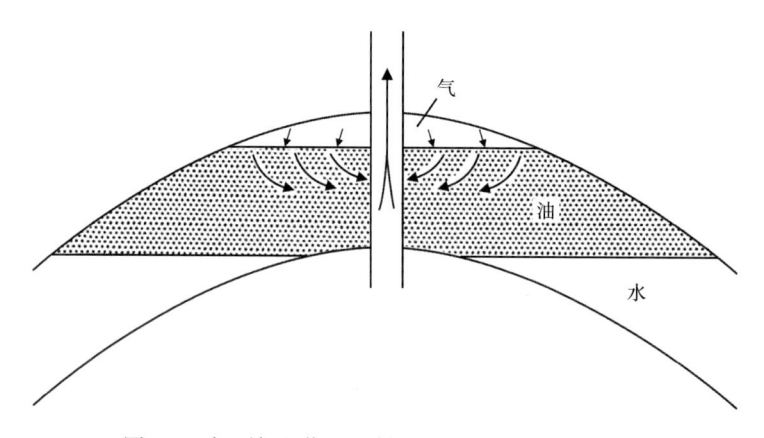

图 6.5　气顶气驱作用机制图解（据 Stoneley，1995）
随着原油采出，气顶气会占据原先由原油充注的孔隙并将原油驱替至井眼，同时使油气界面下降

水驱时，随着原油采出，油水界面之下的地层水会上移并迫使油水界面上移。上移的地层水会占据原先由原油充注的孔隙，并将原油从储层推至井底直至井口。天然水驱机制仅在油气藏的储层分布范围广且与露头连通时有效。在这种条件下，油气藏边部或底部的天然水能得到下渗地表水持续补充，从而弥补原油采出造成的地下亏空（图6.6）。水驱油的开采机制详见图6.7。

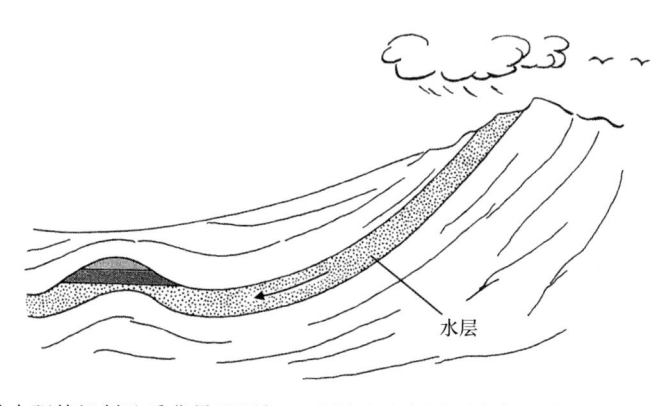

图 6.6　可动水驱替机制地质背景及图解：油层通过水层可动水驱替开采（据 Selley，1997）

上述三种驱动方式以水驱效率最高，溶解气驱效率最低，气顶气驱介于两者之间。因此，油气藏的采收率差异可非常大，如采用活跃水驱动机制开发的高孔隙（原生粒间孔）净砂岩（粉砂和黏土含量低）油藏，其采收率可达50%或60%；采用溶解气或气顶气驱动

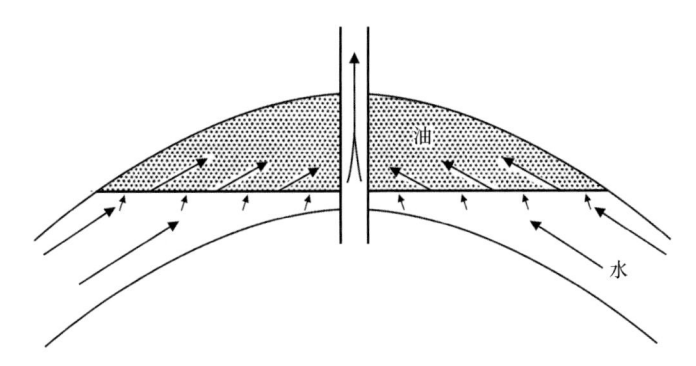

图 6.7 水驱油驱动机制图解（据 Stoneley，1995）
地层水上移占据原先由原油充注的孔隙，油水界面同时上移

机制开发的缝洞型复杂碳酸盐岩油藏，其采收率可低至15%或20%。因黏度和密度非常低，气藏的采收率明显高于油藏，通常可达90%。

油气地质储量（m³、ft³或bbl）在储层总体积中所占的比例通常很小。如图6.8所示，假定储层的总体积为100%、N/G为0.8、ϕ为0.25、$1-S_w$（含油饱和度）为0.8、B_o为1.3，那么油气地质储量仅占储层总体积的13%（图6.8），若考虑采收率，该值还要更低。

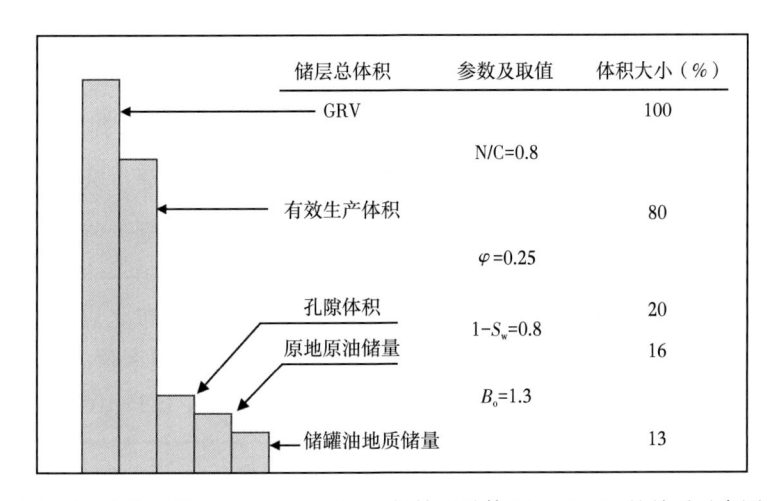

图 6.8 储罐油地质储量（STOIIP）与储层总体积（GRV）的关系示意图

原油储量的计量单位是 m³ 或 bbl。天然气储量的计量单位通常是 m³ 或 ft³，有时也使用桶油当量（BOE）。油气行业计量单位之间的换算关系见表6.1。

表 6.1 油气行业计量单位换算表

1bbl = 42gal（美制） = 35gal（英制） = 159L	1t ≈ 7bbl 1m³ = 6.3bbl = 37ft³
1bbl 油的油当量等于 6000ft³ 天然气	

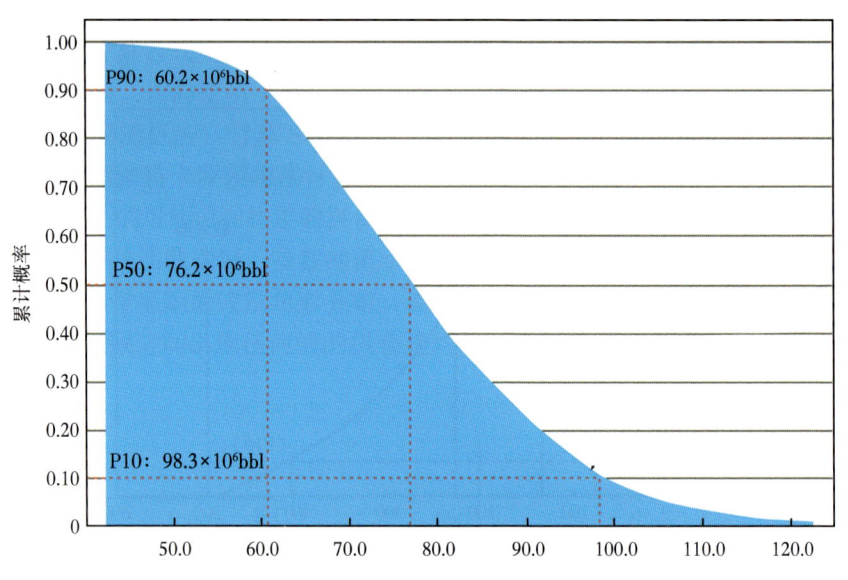

图 6.13　尼日利亚某油田储量的累计概率分布曲线图（据 PetroVision）

6.4　油气储量、产量和需求量

6.4.1　概述

披露全球及各国石油和天然气储量、产量和需求量信息的机构或出版物众多，其中以《石油与天然气》期刊、英国石油公司（BP）的《世界能源年鉴》、意大利埃尼石油公司（ENI）的《世界石油与天然气年鉴》，以及美国能源信息署（EIA）最为著名。它们广泛收集来自不同渠道的油气信息，并将其按不同的流程进行披露。其最常用的信息收集方法是每年向国家石油公司或石油部开展问卷调查。

因为油气储量、产量和需求量信息的披露无须审核，所以此类数据的真实性无从考证，各机构披露的数据差距可能极大。此外，常规和非常规油气的界限在近年变得很模糊，这使一些国家油气的可采储量同时包括常规和非常规油气储量，尤其是委内瑞拉和加拿大。这样的算法使得委内瑞拉取代沙特阿拉伯一举成为世界上拥有最多油气储量的国家。下文将从公开披露的最新（截至 2015 年末）油气储量统计数据，挑选出部分数据作简要论述。

6.4.2　石油储量

全球石油总储量及前十资源国见表 6.2。其中，前十资源国储量之和占全球石油总储量的 85%，委内瑞拉以 3008×10^8 bbl 位居第一。

进入 21 世纪以来，全球石油储量增速显著，从 2000 年的 1.24×10^{12} bbl 增至 2015 年的 1.67×10^{12} bbl，增长率达 37%。这期间，私营和非国有石油公司发展迅速，其活动范围遍及全球，但其持有的石油储量份额仍很小。截至 2015 年，全球国有石油公司（NOC）持有的石油储量份额仍高达 79%（图 6.14）。

表 6.2 全球石油储量（10^6bbl）及前十资源国
（据埃尼石油公司《2016 年世界油气年鉴》，数据截至 2015 年底）

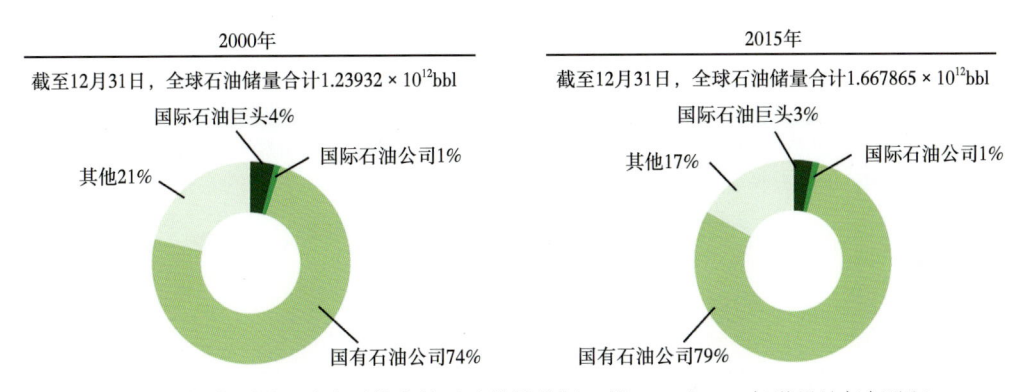

国家	2000 年	2005 年	2010 年	2011 年	2012 年	2013 年	2014 年	2015 年	$\Delta y/y$（2015—2014）（%）	年复合增长率（%）
委内瑞拉	76848	80012	296501	297571	297735	298350	299953	300878	0.30	9.50
沙特阿拉伯	262766	264211	264516	265405	265850	265789	266578	266455	0.00	0.10
加拿大	181200	178792	175214	173625	173105	173200	172481	170863	-0.9	-0.4
伊朗	99530	136270	151170	154580	157300	157800	157530	158400	0.60	3.10
伊拉克	112500	115000	143100	141350	140300	144211	143069	142503	-0.4	1.60
科威特	96500	101500	101500	101500	101500	101500	101500	101500	0.00	0.30
阿拉伯联合酋长国	97800	97800	97800	97800	97800	97800	97800	97800	0.00	0.00
俄罗斯	48573	60000	60000	60000	80000	80000	80000	80000	0.00	3.40
利比亚	36000	41464	47097	48014	48472	48363	48363	48363	0.00	2.00
美国	23517	23019	25181	28950	33403	36520	39933	43629	9.30	4.20
前十资源国合计	1035234	1098068	1362079	1368795	1395465	1403533	1407207	1410391	0.20	2.10
其他	204086	219339	249755	250858	255387	256595	256883	257474	0.20	1.60
全球合计	1239320	1317407	1611834	1619653	1650852	1660128	1664090	1667865	0.20	2.00

图 6.14 全球不同石油公司持有的石油储量份额（据 ENI《2016 年世界油气年鉴》）

2000年：截至12月31日，全球石油储量合计 1.23932×10^{12}bbl。国际石油巨头 4%，国际石油公司 1%，国有石油公司 74%，其他 21%。

2015年：截至12月31日，全球石油储量合计 1.667865×10^{12}bbl。国际石油巨头 3%，国际石油公司 1%，国有石油公司 79%，其他 17%。

6.4.3 天然气储量

全球天然气储量及前十资源国见表 6.3。其中，前十资源国储量之和占全球天然气总储量的 78%。

与石油相似，进入 21 世纪以来，全球天然气储量也增速显著，从 2000 年的 157.5×10^{12}m^3 增至 2015 年的 198.3×10^{12}m^3，增长率达 28%。私营和非国有石油公司持有的天然气储量份额同样很小。截至 2015 年，全球国有石油公司（NOC）持有的天然气储量份额高达 80%（图 6.15）。

表 6.3 全球天然气储量（$10^{10}\mathrm{m}^3$）及前十资源国

（据 ENI《2016 年世界油气年鉴》，数据截至 2015 年底）

国家	2000 年	2005 年	2010 年	2011 年	2012 年	2013 年	2014 年	2015 年	$\Delta y/y$（2015—2014）（%）	年复合增长率（%）
俄罗斯	43809	44860	46000	48676	48810	49335	49896	50485	1.20	1.00
伊朗	26000	27580	33090	33620	33780	34020	34020	33500	−1.5	1.70
卡塔尔	14443	25636	25201	25110	25069	24681	24531	24299	−0.9	3.50
土库曼斯坦	2680	2680	10000	10000	9967	9934	9904	9904	0.00	9.10
美国	5021	5784	8621	9454	8717	9573	10434	8630	−17.3	3.70
沙特阿拉伯	6301	6900	8016	8151	8235	8317	8489	8588	1.20	2.10
阿拉伯联合酋长国	6060	6060	6091	6091	6091	6091	6091	6091	0.00	0.00
委内瑞拉	4152	4315	5525	5528	5563	5581	5617	5702	1.50	2.10
尼日利亚	4106	5154	5110	5176	5118	5107	5324	5284	−0.7	1.70
阿尔及利亚	4523	4504	4504	4504	4504	4504	4504	4504	0.00	0.00
前十资源国合计	117095	133473	152158	156310	155055	157143	158811	156987	−1.1	2.00
其他	40447	40904	42357	41900	41929	41995	41661	41294	−0.9	0.10
全球合计	157542	174377	194515	198210	197784	199138	200471	198281	−1.1	1.50

2000年
截至12月31日，全球天然气储量合计157.542 × $10^{12}\mathrm{m}^3$
国际石油巨头4%
国际石油公司1%
其他18%
国有石油公司77%

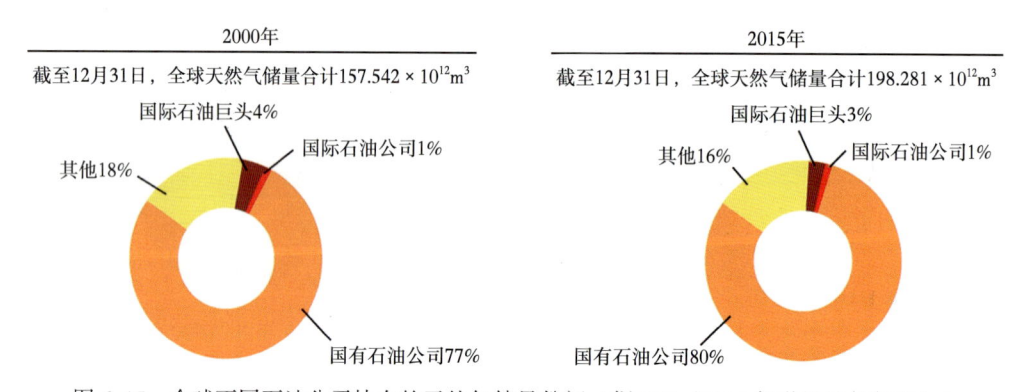

2015年
截至12月31日，全球天然气储量合计198.281 × $10^{12}\mathrm{m}^3$
国际石油巨头3%
国际石油公司1%
其他16%
国有石油公司80%

图 6.15 全球不同石油公司持有的天然气储量份额（据 ENI《2016 年世界油气年鉴》）

6.4.4 原油产量与需求量

图 6.16 展示了 1989—2014 年全球石油产量的变化情况。其中，2014 年全球石油日均产量达 8900×10^4bbl，同比增长 210×10^4bbl（图 6.16）。这些增量全部来自石油输出国组织（OPEC）之外的国家，尤其是美国，其日均产量破记录地提升了 160×10^4bbl。页岩油是美国石油产量的增长点，估计下一个十年仍会持续增长。国有石油公司是石油生产的主体，以 2015 年为例，全球 60% 的石油产量由其贡献（图 6.17）。

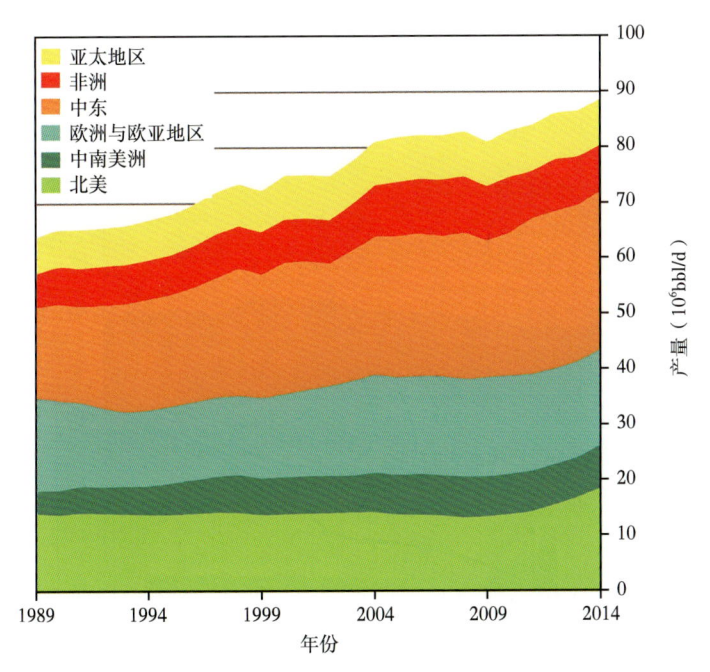

图 6.16　1989—2014 年全球原油产量变化图（据 BP《2015 年全球能源年鉴》）

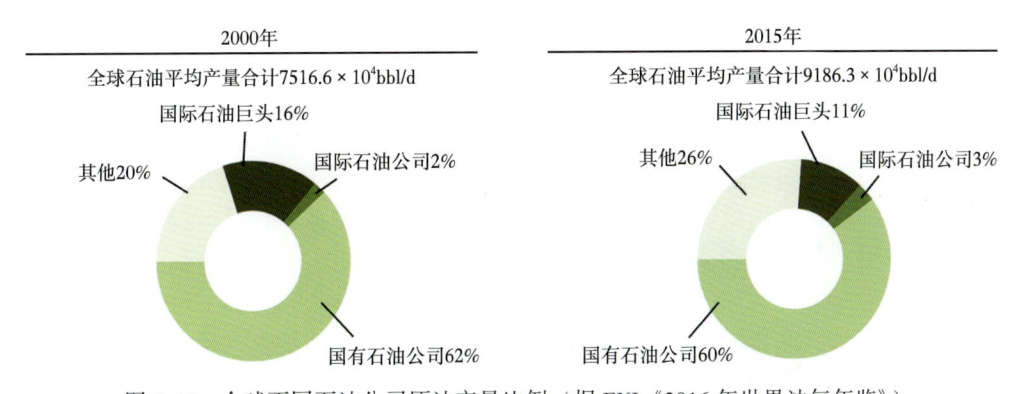

图 6.17　全球不同石油公司原油产量比例（据 ENI《2016 年世界油气年鉴》）

图 6.18 详细展示了 1989—2014 年底全球石油需求量的变化情况。其中，2014 年全球石油日均需求量达 9200×10⁴bbl，同比增长 84×10⁴bbl。这些增量全部来自新兴经济体。

6.4.5　天然气产量与需求量

图 6.19 展示了 1989—2014 年底全球天然气产量的变化情况。其中，2014 年全球天然气产量达 $3.461×10^{12} m^3$，同比增长 1.6%。截至 2014 年，美国仍是主要的天然气生产国，其 2014 年产量同比增长 6.1%。全球天然气产量由国有石油公司和非国有石油公司大致平分，以 2015 年为例，两者的市场份额都不低于 49%（图 6.20）。

图 6.21 详细展示了 1989—2014 年底全球天然气需求量的变化情况。其中，2014 年全球天然气需求量达 $3.393×10^{12} m^3$，同比增长 0.4%。这些增量主要来自美国和中国。

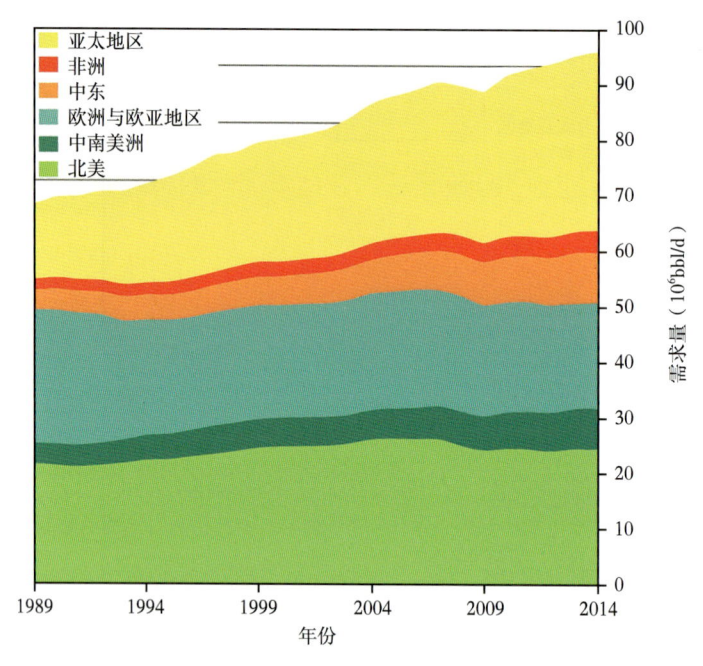

图 6.18　1989—2014 年全球原油需求量变化图（据 BP《2015 年全球能源年鉴》）

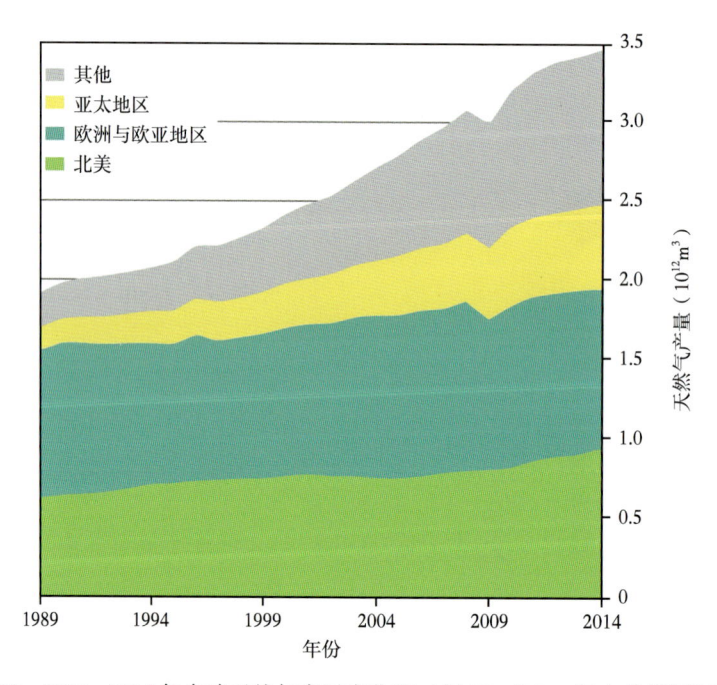

图 6.19　1989—2014 年全球天然气产量变化图（据 BP《2015 年全球能源年鉴》）

6.4.6　生物能源

生物能源包括乙醇（俗称酒精）、植物柴油和汽油。欧洲、北美和南美正积极推广将生物能源作为汽车燃料。美国和巴西是目前生物能源产量最高的国家，主要生产乙醇

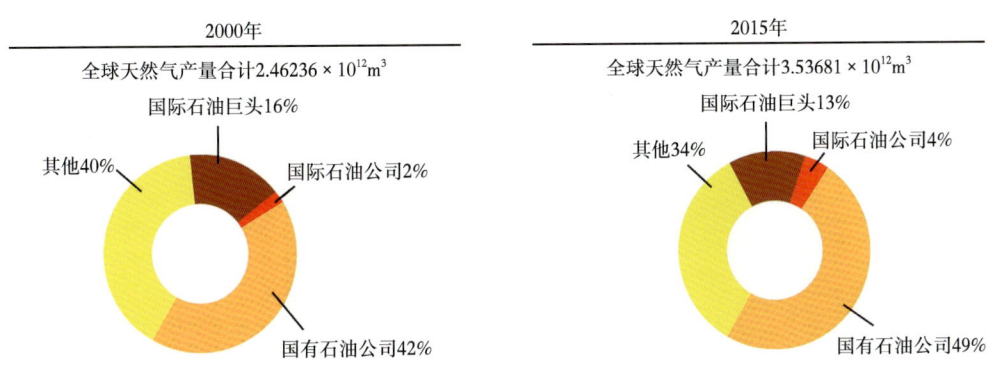

图 6.20　全球不同石油公司天然气产量比例（据 ENI《2016 年世界油气年鉴》）

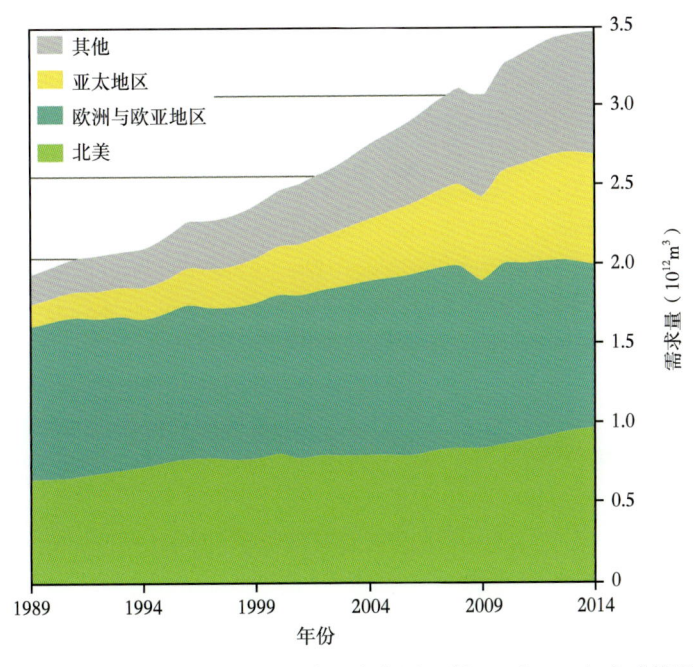

图 6.21　1989—2014 年全球天然气需求量变化图（据 BP《2015 年全球能源年鉴》）

（图 6.22）。

全球生物能源产量在 2014 年同比增长 7.4%。其中，乙醇产量增长 6.0%，已连续增长两年，增量主要来自北美、中南美和亚太地区；生物柴油产量增长 10.3%。尽管生物能源在 2014 年同比增长显著，但其在同年的全球能源消费结构中仅占 1%。

对于生物能源一定比化石能源对环境友好这样的观点目前仍存争议，因为生物能源的发展已导致森林被大面积砍伐，如在巴西、印度尼西亚和巴拉圭等国家。一些研究表明，森林植物在生长过程中可将大气中的二氧化碳固定在植被和土壤中，而能源植物的这种固碳功能明显要弱。此外，生物柴油和汽油的热值只有石油产品的 65%~85%。这表明，能源植物对全球碳排放的减少未必有多大贡献。

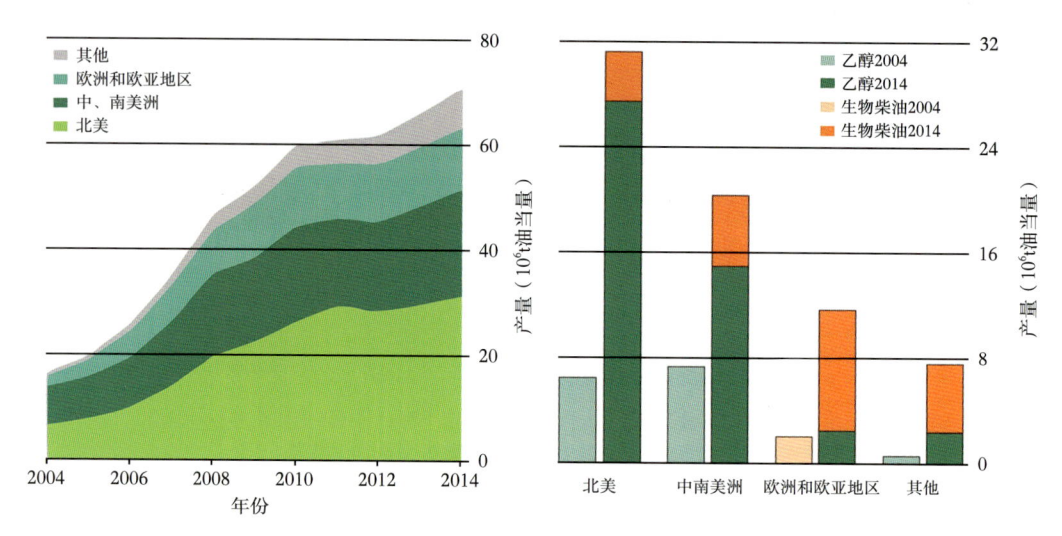

图 6.22　2004—2014 全球生物能源产量变化图（据 BP《2015 年世界能源年鉴》）

参 考 文 献

BP Statistical Review of World Energy, 2015 [online]. Available at: bp. com/statisticalreview.
Dikkers, A. J. (1985). Geology in Petroleum Production, Elsevier Scientific Publishing Company, London, UK.
ENI World Oil and Gas review, 2016 [online]. Available at: eni. com/world oil-gas-review-2016.
Selley, R. C. (1997). Elements of Petroleum Geology, 2nd Edition, Academic Press, Waltham, MA.
SPE-PRMS (2011). Guidelines for Application of the Petroleum Resources Management System [online]. Available at: http://www.spe.org/indus try/docs/PRMS Guidelines Nov2011. pdf.
Stoneley, R. (1995). An Introduction to Petroleum Geology for Non-Geologists, Oxford University Press, Oxford, UK.
White, D. A. and Gehman, H. M. (1979). Methods of estimating oil and gas resources, AAPG Bull., 63, 2183-2192.

7 非常规能源

7.1 概述

非常规油气特指储存于非孔渗性岩石（储层）之中，无法用常规的钻井和开发技术进行商业开采的油气。据此定义，油页岩、页岩油、页岩气、油砂、煤层气和天然气水合物都属于非常规油气。石油资源管理系统（SPE-PRMS，2011）对非常规油气资源做了专门的论述（第6章）。如第6章所述，20世纪90年代中期钻采工艺的进步使部分非常规油气得以商业开采。随后，这部分资源的归属发生了变化，从非常规转变为常规资源。

图7.1资源三角图展示了常规与非常规油气资源之间的关系，两者以油砂、重油（稠油）和致密气为过渡类资源。天然气水合物中蕴藏着巨量的甲烷气，但目前在技术上仍无法对其进行商业开采。下文将对这些非常规油气作简要论述。

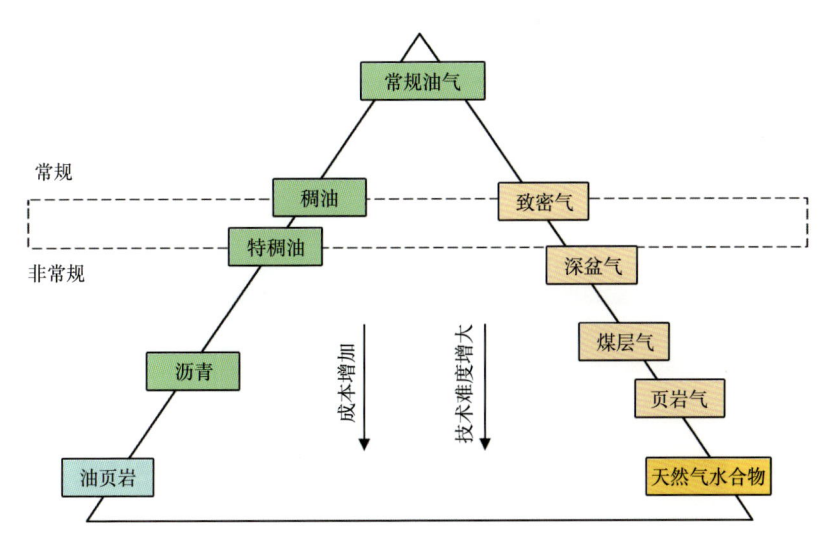

图 7.1 资源类型三角图，展示了常规和非常规油气资源的关系（据 SPE-PRMS，2011）

7.2 油页岩、页岩油和页岩气

早在两个世纪以前，人们就已认识到深色富有机质页岩中蕴藏着巨量的油气。文献记载表明，页岩气的开采始于1821年纽约州西部的伊利湖（Erie）湖畔，随后遍及阿巴拉契亚地区。

1838年，法国人将采出的页岩置于曲颈瓶中加热实现了页岩油的商业开采，从而开启了页岩油工业的新纪元。随后，苏格兰爱丁堡西部和西南部（约 50mile^2）迎来了页岩油工业的繁盛期。得益于免税政策，该地区页岩油工业兴盛逾百年，在鼎盛时期（1913年）工人数量一度高达万人。随着1962年免税政策的终止，加之受阿拉伯世界廉价石油的冲击，

续表

页岩气技术可采资源量（$10^{12} ft^3$）	
墨西哥	545
澳大利亚	437
南非	390
俄罗斯	285
巴西	245
其他	1535
总量	7795

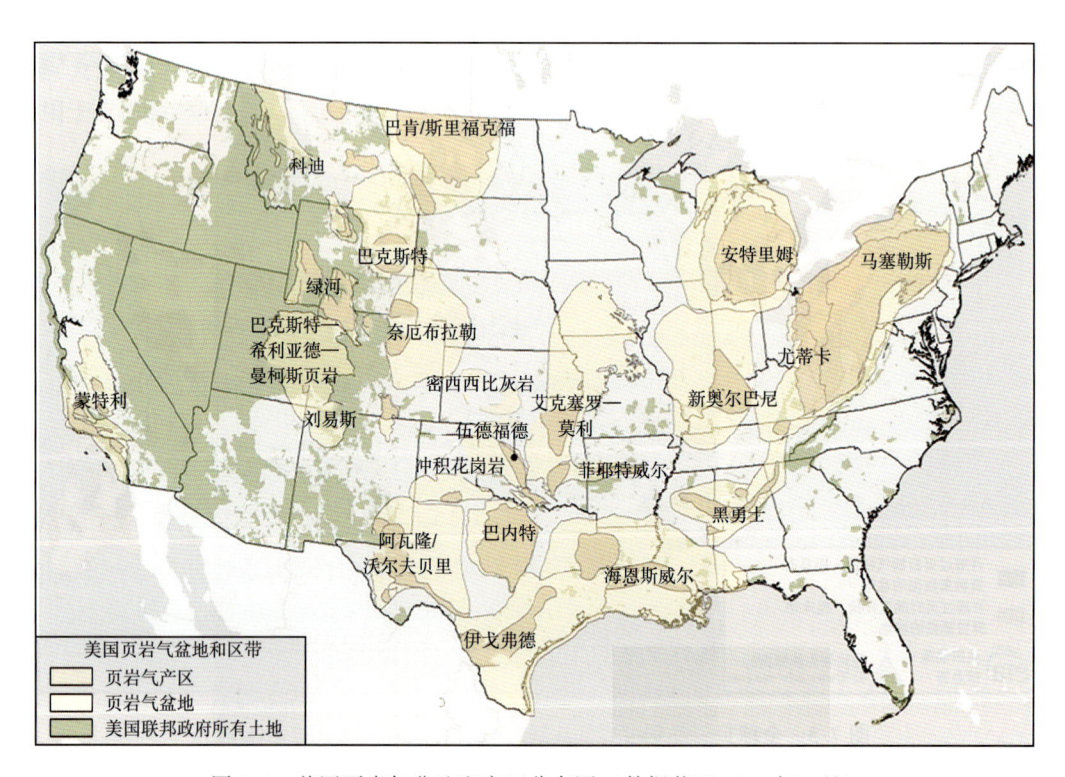

图 7.4　美国页岩气盆地和产区分布图（数据截至 2013 年 5 月）

该研究报告并不包括许多页岩气前景广阔的国家，如被列入其他类别的英国。据英国地质调查局 2014 年 12 月发布的一份评估报告显示，英国的页岩气资源量介于 $871×10^{12}$ ~ $2146×10^{12} ft^3$ 之间，中位数为 $1420×10^{12} ft^3$。因此该报告所列 42 个国家页岩气资源总量（$7795×10^{12} ft^3$）仅是全球页岩气潜在资源量的一部分。

该研究报告同时还披露了 42 个国家页岩油的资源量。这些资源国页岩油的总资源量达 $3350×10^8 bbl$，以俄罗斯最为丰富，美国和中国等国家分列其后（表 7.2）。同样，该报告并未统计许多页岩油资源潜力巨大的国家，因此 $3350×10^8 bbl$ 仅是全球页岩油资源潜在资源量的一部分。

由于储量评估方法有别，不同机构披露的资源量差异悬殊，收集使用油气资源量数据时需要特别注意。

表 7.2 截至 2013 年 5 月全球 42 个国家页岩油资源总量及前十资源国

页岩油技术可采资源量（10^9bbl）	
俄罗斯	75
美国	48
中国	32
阿根廷	27
利比亚	26
澳大利亚	18
委内瑞拉	13
墨西哥	13
巴基斯坦	9
加拿大	9
其他	65
总量	335

7.3 油砂

油砂资源（即侵染于砂泥沉积物中的高黏性沥青）以委内瑞拉和加拿大最为丰富，两者资源量合计达 3.5×10^{12}bbl。其中，加拿大油砂资源主要分布于阿尔伯达省北部的阿萨帕斯卡地区（图 7.5）。在早期，油砂采出后经传送带送至分离厂进行沥青分离。至 20 世纪 90 年代晚期，随着开采规模的不断扩大与开采工艺的不断改进，采出的油砂经重型卡车运至分离厂进行沥青分离。分离出的沥青被提炼成高品质的低硫"合成原油"。这种原油可用于常规炼油厂提炼汽油、柴油、航空燃料和其他产品。近年来，新技术的突飞猛进使得沥青实现了原位开采，从而淘汰了污染环境的采矿方法。油砂原位开采的核心技术是通过燃烧天然气来生成热蒸汽，并将其注入地下以加热降低沥青的黏度，从而将沥青驱替向井眼直至地面。

加拿大油砂资源的规模巨大，尽管评估值差异较大，但据加拿大石油地质家协会估算其资源量约为 1.7×10^{12}bbl，可采储量为 1700×10^8bbl（采收率取 10%）。当前，加拿大油砂资源的日均产量约为 180×10^4bbl，预计到 2020 年将翻番。

委内瑞拉的石油资源主要分布于面积约为 54000mile^2 的奥里诺科重油带（图 7.6）。与加拿大相似，委内瑞拉的油砂资源也是侵染于砂泥沉积物中的沥青。20 世纪 70 年代，委内瑞拉首次尝试开采油砂资源，但受制于成本和技术这一行动以失败告终。得益于技术的进步和西方石油公司的大规模投资，委内瑞拉油砂资源的开采于 20 世纪 90 年代实现投产，并在 10 年后达到日产 60×10^4bbl。2007 年，委内瑞拉政府将油砂资源收归国有，并计划至

图 7.5　加拿大油砂资源分布位置

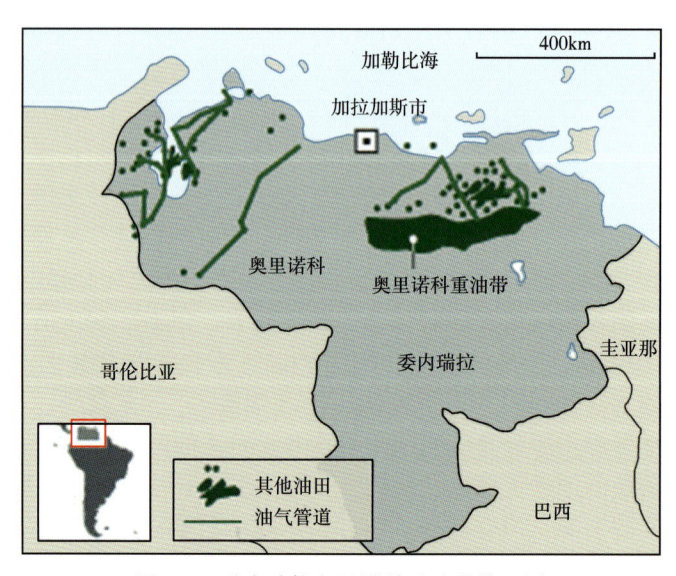

图 7.6　委内瑞拉奥里诺科重油带位置图

2019年将日产量提升至210×10⁴bbl。该目标能否实现还不得而知。

奥里诺科重油带蕴藏着全球最为丰富的石油资源。据估计其石油预测资源量高达2.5×10¹²bbl，可开采储量达2670×10⁸bbl，目前其日均产量为60×10⁴bbl。

7.4 煤层气

煤炭由沼泽中生长的植物死亡后发生成煤作用形成，其中，沼泽通常具有安静、缺氧的水体。环境缺氧和盆地持续沉降是发生成煤作用的前提条件，因为前者有利于植物遗体保存，后者可导致植物遗体被深埋。在埋藏初期，植物遗体经压实和部分分解发生泥炭化，并形成泥炭。泥炭在世界许多地方被当作燃料，其碳含量可达50%。在持续埋藏过程中，受上升的压力和温度作用，泥炭会发生煤化形成煤炭。

泥炭在成煤过程会生成大量的甲烷。这些甲烷在漫长的地质过程中，除了部分会逸散至大气，多数会被煤层吸附。煤层气即主要由此类吸附甲烷构成。

不同于采煤，煤层气需要通过钻井开采，其开采过程通常包括两个阶段：一是向煤层钻井，二是排水降压（图7.7）。抽排地下水可使井眼周围地层的压力下降，从而使吸附态的煤层气发生解析。解析出的煤层气会进入套管和油管之间的环形空间并上升至地面，最终进入集输管网。抽排出的地下水要么回注至更深的地层，要么在地表处理后排放。

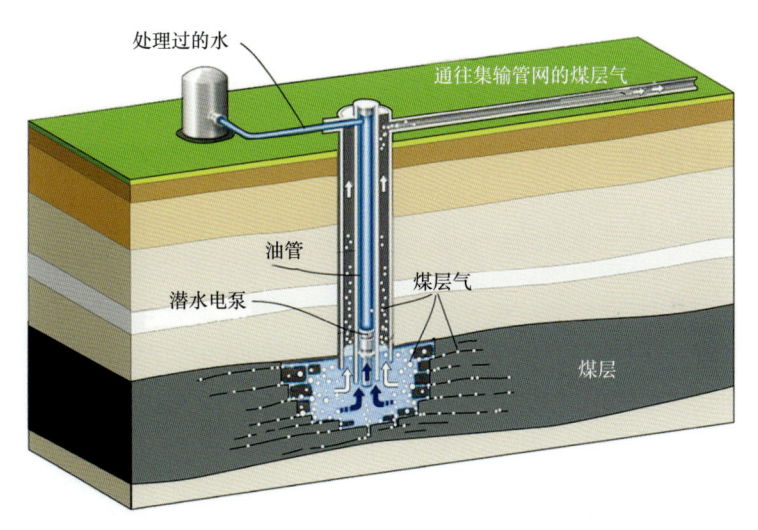

图7.7 煤层气开采示意图

全球煤层气储量及产量分布

有煤的地方就有煤层气（CBM）分布，故其是一类非常丰富的天然气资源，其储量在全球的分布见图7.8。尽管是一类重要的天然气，但煤层气在1985年以前几乎未被利用。直到20世纪90年代美国、加拿大、澳大利亚、中国和印度加大了开发力度，全球煤层气的产量才迅速攀升，并于2012年达58×10⁸ft³/d。美国煤层气的储量位居全球首位，产量也遥遥领先，截至2012年其产量已接近50×10⁸ft³/d，迄今已累计产出达20×10¹²ft³。澳大利亚煤层气的产量增长迅速，预计到2020年将达60×10⁸ft³/d。由于地质条件复杂、单井产量低，中国和印度的煤层气产量远远落后于上述这些国家，截至 2012 年其产量分别为 $150\times10^6\text{ft}^3/\text{d}$ 和 $10\times10^6\text{ft}^3/\text{d}$。

图 7.8　全球煤层气储量分布图（经斯伦贝谢公司允许，据 Al-Jubori 等，2009）

地处欧洲的英国也有丰富的煤层气储量，但受高昂的成本和来自北海的常规天然气影响，其煤层气工业发展缓慢。俄罗斯有着丰富的煤层气储量，但至今尚未建产。位于东南亚的印度尼西亚，最近对外发布消息称已探明 $453\times10^{12}\text{ft}^3$ 煤层气。

7.5　天然气水合物

天然气水合物是一种外观似冰，形成于高压低温条件下的笼形络合物，由甲烷分子被固定在水分子构筑的晶格中形成。天然气水合物主要存在于北极地表浅层的沉积物及全球深海的沉积物中，其次是北极的一些永久冻土中，分布深度通常介于几百米至几千米之间。天然气水合物在全球分布广泛（图 7.9），这已被持续了 20 年的深海钻探计划（20 世纪 60 年代中期至 80 年代中期的海底地球科学研究计划）取心及其他的地震剖面和测井曲线解释证实。图 7.10 所示为正从岩心筒中取出的天然气水合物冰芯。

天然气水合物所含的甲烷浓度极高，理论上 1ft^3 水合物含有 164ft^3 甲烷气。因此，天然气水合物高度易燃（图 7.11）。

天然气水合物蕴藏着巨量甲烷的观点已被大众广泛接受，但多数人并知道其所含的有机碳数量或超过全球其他所有碳库之和（图 7.12）。在 1995 年之前，全球天然气水合物（甲烷）的预测资源量介于 $1\times10^{17}\text{ft}^3$ 至 $1\times10^{20}\text{ft}^3$ 之间。经过 20 年的调查，美国地质调查局得出海洋沉积物中天然气水合物的数量要低于预期，这导致全球及地区的天然气水合物（甲烷）的资源量预测值向下修正。现在普遍认为全球天然气水合物（甲烷）的资源量介于 $1\times10^{17}\text{ft}^3$ 至 $5\times10^{18}\text{ft}^3$ 之间。

尽管天然气水合物是一种重要的天然气资源，但石油工业目前还没有成熟的技术对其进行开采。

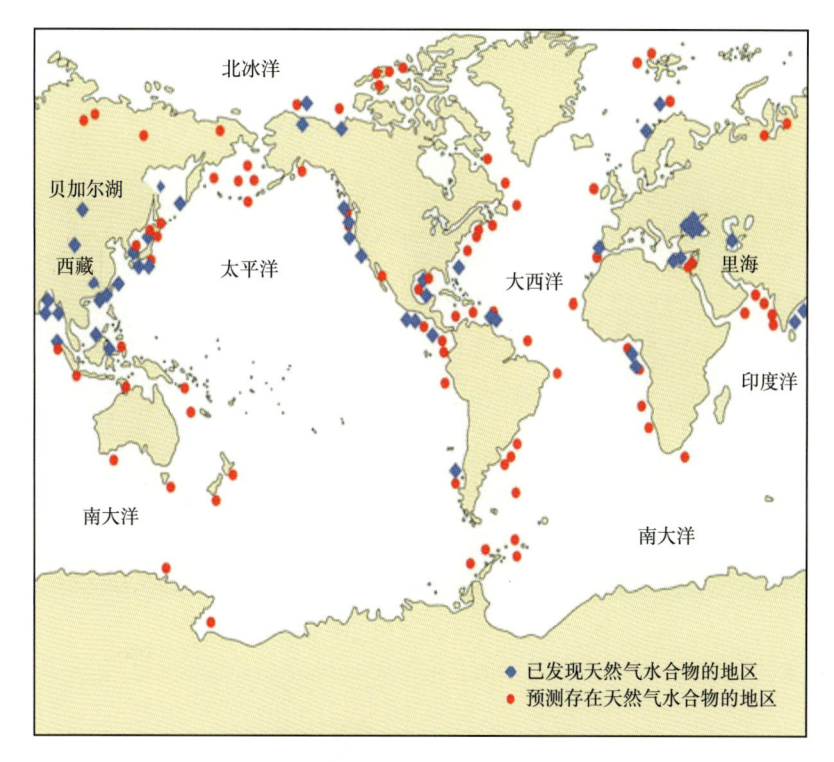

图 7.9　全球天然气水合物分布图

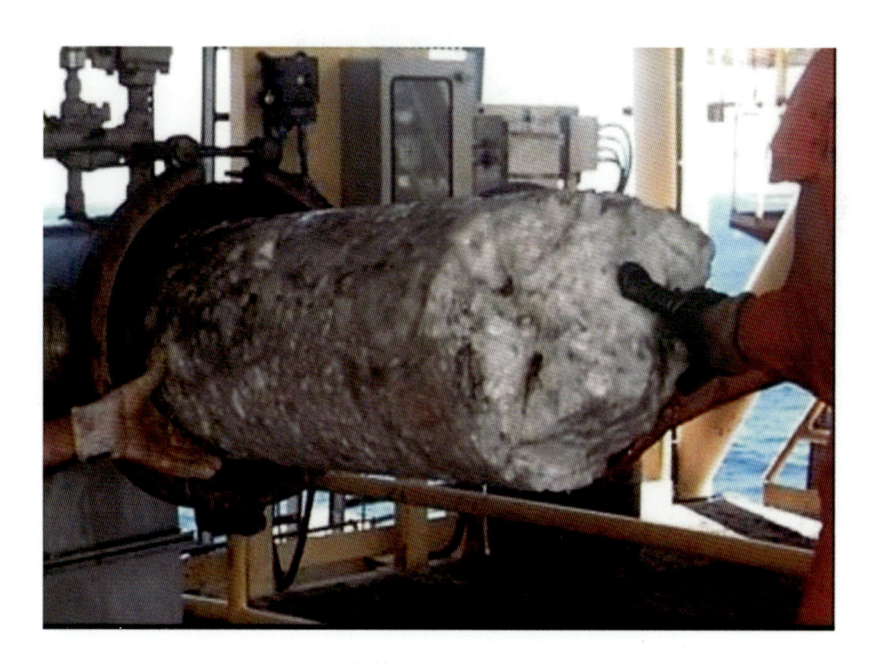

图 7.10　正从井筒中取出的天然气水合物冰心

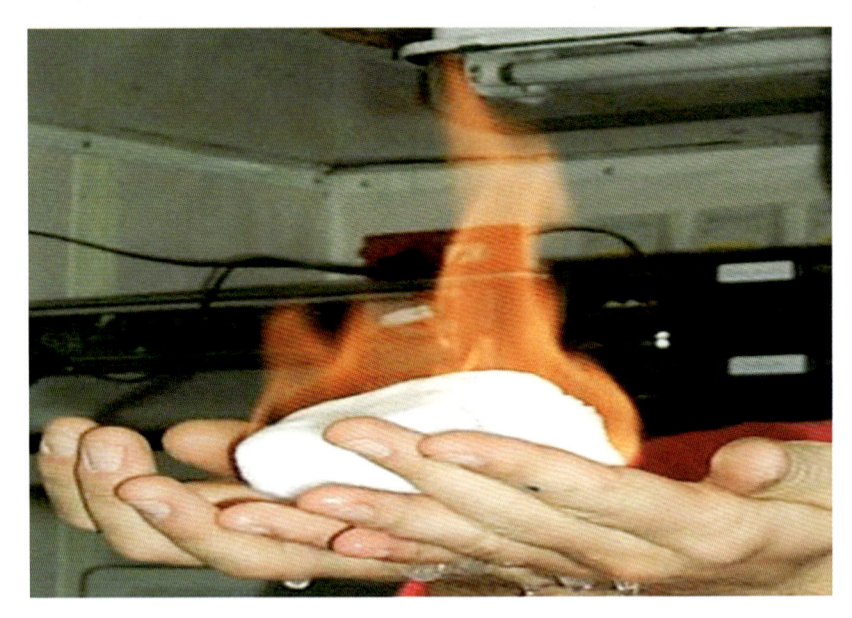

图 7.11 燃烧中的天然气水合物标本

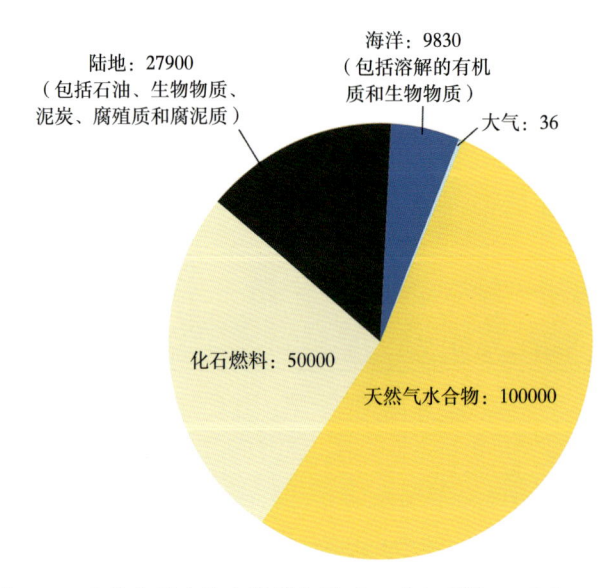

图 7.12 各种物质中的有机碳含量（×10^{4}t）（据 Marshak，2005）

参 考 文 献

Al–Jubori, A., Johnson, S., Lambert, S. W. et al. (2009). Coalbed methane: Clean energy for the world, Oilfield Rev., 21 (2), 4–13.

Energy Information Administration (2013a). Global shale oil and shale gas distribution map. Available at: http://www.eia.gov/analysis/studies/worldshalegas/pdf/overview.pdf.

Energy Information Administration (2013b). US gas basins and plays distribution map. Available at: http://www.eia.gov/pub/oil gas/natural gas/analysis publications/maps/maps. ht.

Energy Information Administration (2013c). Total shale gas resources of 42 countries and the top ten resource holders. Available at: http://www.eia.gov/analysis/studies/worldshalegas/pdf/overview.pdf.

Energy Information Administration (2013d). Total shale oil resources of 42 countries and the top ten resource holders. Available at: http://www.eia.gov/analysis/studies/worldshalegas/pdf/overview.pdf.

Marshak, S. (2005). Earth: Portrait of a Planet, 2nd Edition, W. W. Norton, New York, NY.

SPE-PRMS (2011). Guidelines for Application of the Petroleum Resources Management System [online]. Available at: http://www.spe.org/indus try/docs/PRMS Guidelines Nov2011.pdf.

8 裸眼测井

8.1 概述

测井技术的发展始于20世纪20年代,用于研究钻井剖面上连续地层的岩石和流体的物理属性,对石油工业的勘探和生产产生了革命性影响。从第一条测井曲线被采集完成的那一刻开始,测井技术在数据采集和解释方法方面始终保持着快速发展,现已发展成为一门完整的高科技学科。目前,测井学仍是一个活跃的研究领域,而且技术的进步依然突飞猛进。电缆测井是最早使用的测井技术,其作业包含两个步骤:一是将电缆及固定在电缆上的测井仪器下放至井底;二是提升测井仪器,并沿着井身测量岩石和地层水的属性。随钻测井装备及随钻测井技术(简称为LWD)出现于20世纪80年,其特征是在钻进的同时可以对岩石和地层水的物理参数进行实时、连续的测量。LWD的优点是大幅减少了井场的钻机占用时间,因其作业过程无须停钻和起钻,这是电缆测井无法比拟的。在质量方面,目前LWD数据已与电缆测井数据相当。

在20世纪80年代以前,全球存在大量的测井服务公司。这些公司(不乏知名的公司)经过30年的激烈竞争多数已被并购。现今测井行业基本由斯伦贝谢、哈里伯顿和贝克休斯三大油服公司主导。

在介绍测井数据采集和解释之前,需要强调油气井的一个特点,即油气井通常都要下套管。套管是用水泥固定于油气井内的钢管,其作用是防止未固结地层发生垮塌以保护井壁,并阻止非预期流体流入井筒。因此,即便是产层中的油气通常也只能通过套管上的射孔孔眼流入井筒。套管需要按标准规格制造(图8.1),通常包括多个尺寸。套管井的每层

图 8.1 套管

套管均需上延至地表并用水泥固定，故下放深度越大套管的直径越小（图8.2）。固井时为确保套管柱在井眼内居中，一般需要在套管柱外壁安装扶正器（图8.2）。

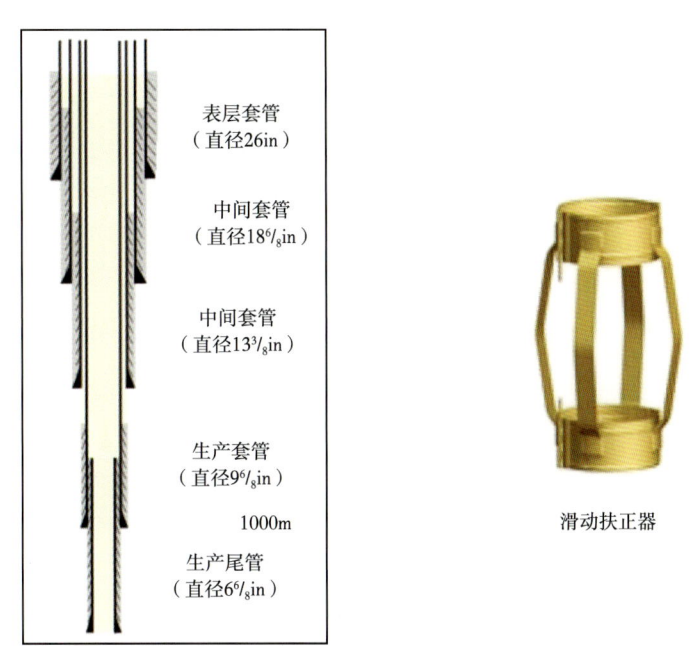

图 8.2 典型的套管井井身结构图及滑动扶正器

8.2 测井曲线定义与分类

测井曲线是井身深度方向上不同地层属性参数的连续记录。根据完井方式的差别，可将测井曲线分成裸眼井和套管井两类。裸眼测井作业需要在油气井未下套管前完成，所测量的是目的层的岩石和流体属性，如岩性、孔隙度和孔隙内流体的属性等。此类测井曲线可供石油地质师和石油工程师使用。套管井测井也称生产测井，其作业在油气井下完套管后实施，测量的是生产井的流体流动剖面及固井的质量等，测得的成果主要供石油工程师使用。

本章仅阐述裸眼测井数据的采集及部分地层属性的解释，对套管井测井不做论述。

8.2.1 钻井液侵入影响

在做进一步的测井技术介绍前，还需提及钻井液的侵入会对渗透性地层（即潜在的储集层）测井数据的采集和解释产生影响。在钻井作业时，钻井液不断循环（图8.3）：钻井液（通常是水基或油基钻井液）首先经钻井泵加压后沿钻杆内腔流到地下，然后从钻头沿钻杆外的环形空间返回地面。钻井液在钻井作业中起着非常重要的作用，包括冷却和润滑钻头，抑制地层水流入井眼并将钻井产生的岩屑带至地面。岩屑是井场地质工程师判断钻遇地层岩性的依据，其特征见图8.4。

无关钻井液类型，渗透性地层通常会发生钻井液侵入，因为井筒内钻井液柱的静压力通常大于地层流体的压力。在钻井液滤液侵入孔隙性地层时，钻井液中悬浮的固体颗粒会在井壁发生沉淀并形成泥饼。根据钻井液的侵入程度，围绕井眼可将渗透性地层划分成三

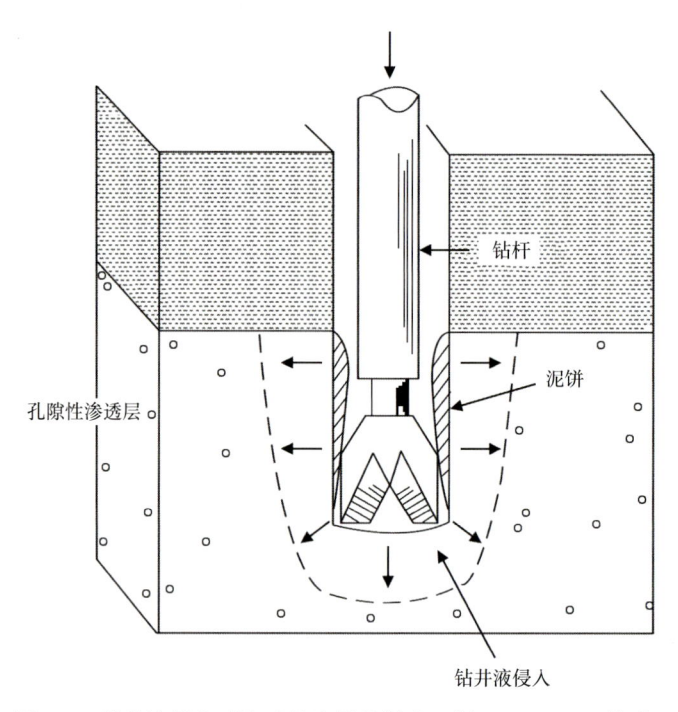

图 8.3　钻井液侵入对渗透性地层的影响（据 Rider，1996 修改）

图 8.4　钻井岩屑

个环带（图 8.5）：靠近井眼一侧的环带称为冲洗带（侵入深度 6~10cm）；沿冲洗带径向往外是过渡带；再往外是未受钻井液滤液伤害的原状地层。油层侵入带的直径（d_i）从数英寸至数英尺不等，具体取决于钻井液静压力与地层压力的差、地层和钻井液的性质。发生钻井液侵入后，油层内流体的分布会发生明显的变化（图 8.6），冲洗带 70%~95% 的油会被钻井液滤液置换。与孔隙发育的渗透性地层不同，致密地层几乎不发生钻井液侵入或侵入非常微弱。

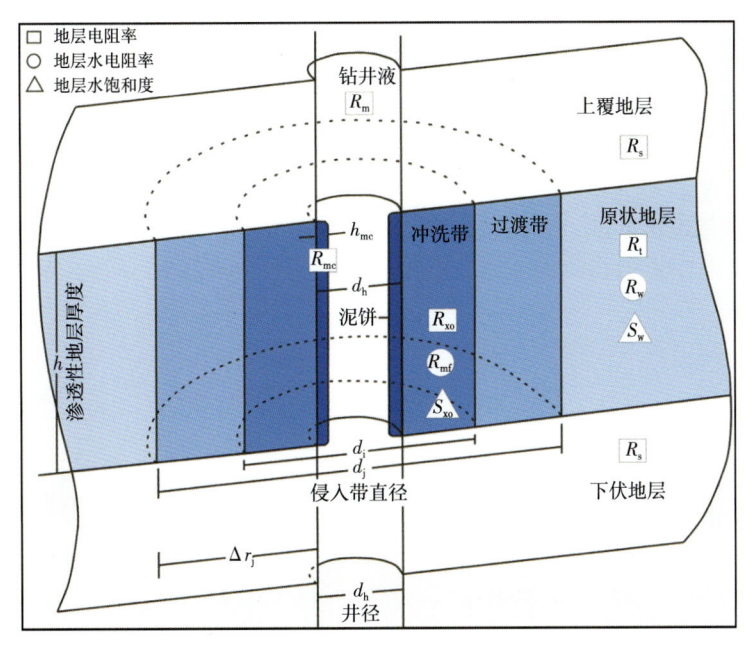

图 8.5 发生钻井液侵入后渗透层内钻井液滤液的柱状分布图（据斯伦贝谢公司，2013 修改）

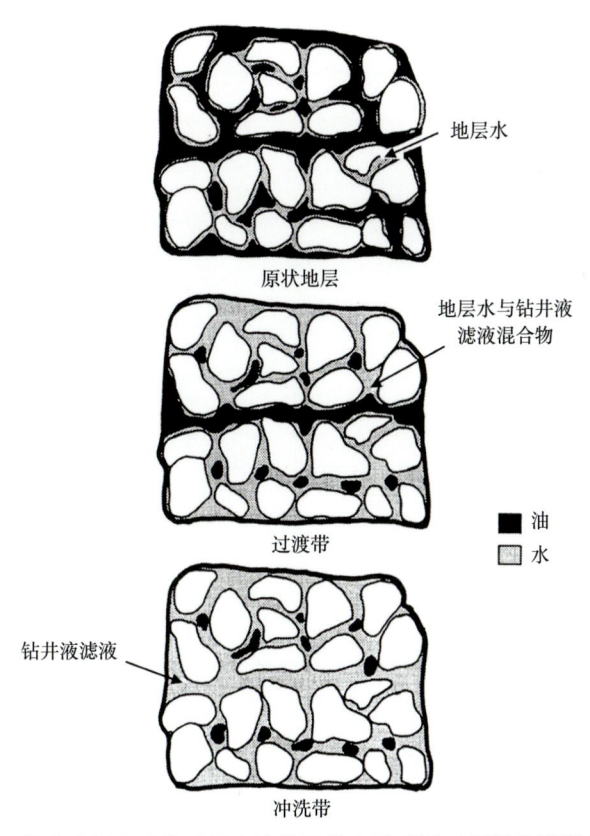

图 8.6 发生钻井液侵入后渗透层内流体的分布示意图（据斯伦贝谢公司，1987）

8.2.2 裸眼测井曲线分类

根据所测岩石物性参数的差异，可将裸眼测井曲线划分成6类：
（1）电法测井曲线：
①自然电位（SP）曲线；
②电阻率曲线。
（2）声波测井曲线。
（3）放射性或中子测井曲线：
①伽马曲线；
②中子曲线；
③密度曲线。
（4）介电测井曲线。
（5）核磁共振测井（NMR）曲线。
（6）倾角和成像测井曲线。

8.2.3 常用专业术语

本章不对测井专业术语做详细论述，仅提及常用专业术语的缩写名称及符号（表8.1~表8.4）。符号和缩写名称在测井学中使用非常广泛，它们通常可分为钻孔参数类、钻井液参数类、地层属性类、测井工具类和测井曲线类。

表8.1 斯伦贝谢公司地层属性和井眼参数及其符号

a	迂曲（曲折）度	ϕ	孔隙度
BHT	井底温度	ϕ_A	绝对孔隙度
BS	钻头直径	ϕ_E（PHIE）	有效孔隙度
BVW	总体积水	SPI	次生孔隙指数
$CALI$	井径	MOS	可动油饱和度（$S_{XO}-S_w$）
d_h	井眼直径	m	胶结指数
d_i	冲洗带直径	n	饱和度指数
d_j	侵入带直径	ROS	残余油饱和度（$1.0-S_{XO}$）
EFT	地层估算温度	S_h	含油气饱和度（$1.0-S_w$）
F	地层因子	S_w	原状地层含水饱和度
h_{mc}	泥饼厚度	S_{wi}	束缚水饱和度
K	渗透率	S_{XO}	冲洗带含水饱和度
K_A	绝对渗透率	S_w/S_{XO}	可动油气指数
K_Z	有效渗透率	T	地层温度
K_r	相对渗透率	V_{sh}	泥质含量

表 8.2　斯伦贝谢公司电法测井常用术语及其符号

AIT	阵列感应测井仪	P_L	邻近侧向测井
CHFR	过套管电阻率测井仪	R	电阻率
DIL	双感应—侧向测井	R_{ILM}	中感应电阻率
DLL	双侧向测井	R_{LLD}	深侧向电阻率
HRLA	高分辨率阵列侧向测井	R_{LLS8}	浅八侧向电阻率
IDPH	相量感应测井	R_{LLS}	浅侧向电阻率
IL	感应测井	R_m	钻井液电阻率
ILD	深感应测井	R_{mc}	泥饼电阻率
ILM	中感应测井	R_{mf}	钻井液滤液电阻率
IMPH	相量中感应测井	R_{MLL}	微侧向电阻率
LL	侧向测井	R_{MSFL}	微球聚焦电阻率
LLD	深侧向测井	R_O	完全含水层电阻率
LLS	浅侧向测井	R_S	围岩电阻率
LL8	八侧向测井	R_t	地层真电阻率
LN	长源距（64in）	R_w	地层水电阻率
MINV	微梯度测井	R_{XO}	冲洗带电阻率
ML	微电极测井	SN	短源距（16in）
MLL	微侧向测井	SP	自然电位
MNOR	微电位测井	PSP	假静自然电位
MSFL	微球聚焦测井	SSP	静自然电位

表 8.3　斯伦贝谢公司声波测井常用术语及其符号

AST	阵列声波测井仪	t（Δt；Dt）	声波时差
B_{cp}	声波孔隙压实系数	t_f	孔隙流体声波时差
BHC	井眼补偿声波测井	t_{ma}	岩石骨架声波时差
LSS	长源距声波测井		

表 8.4　斯伦贝谢公司放射性测井常用术语及其符号

CGR	去铀自然伽马	NPHI	中子孔隙度
CNL/CNT	补偿中子测井（仪器）	P_e（PEF）	光电吸收截面指数
FDC	补偿密度测井	ρ_b（RHOB）	岩石体积密度
GR	自然伽马测井	ρ_f	孔隙流体密度
GR_{clean}	不含泥地层伽马值	ρ_{ma}	岩石骨架密度
GR_{shale}	页岩伽马值	SGR	标准伽马曲线
GR_{zone}	目的层伽马值	SNP	井壁中子孔隙度
GST	伽马能谱测井仪	TDT	热中子衰减时间测井
LDT	岩性密度测井仪	TNPH	中子孔隙度
NGS	自然伽马能谱测井	U	体积光电吸收截面指数

8.2.4 钻井液的类型及其对裸眼测井数据采集的影响

如前所述，钻井液通常是水基或油基钻井液。其中，水基钻井液（WBM）以水为连续相，盐度可达 300000mg/L，具有一定的导电性；油基钻井液以油为连续相，无导电性。一般裸眼测井数据的采集不受钻井液的类型影响，但多数电法测井作业只能在水基钻井液中使用，因为电法测井仪与地层之间信号的传递必须通过导电介质传输。因此，使用油基钻井液时，可采集的电法测井曲线的类型和数量会受限。

8.3 裸眼测井曲线解释

裸眼测井曲线的解释包括定性和定量两类，各自特征分述如下。

8.3.1 定性解释

测井曲线定性解释的目的包括：
(1) 识别孔隙发育的渗透性地层并划分其边界。
(2) 识别孔隙内的流体。
(3) 确定流体的界面，包括油气界面（GOC）、油水界面（OWC）和气水界面（GWC）。
(4) 开展地层对比。

8.3.2 定量解释

测井曲线定量解释的目的包括：
(1) 计算孔隙度（ϕ）和渗透率（K）。
(2) 计算无泥浆侵入油气层的含水饱和度（S_w），并将其代入公式"$S_h = 1 - S_w$"计算出该油气层的含油（或气）饱和度（S_h）。
(3) 计算油气层冲洗带的含水饱和度（S_{XO}），并将其代入公式"$S_{or} = 1 - S_{XO}$"计算出该带的残余油（或气）饱和度（S_{or}）。
(4) 对比 S_w 和 S_{XO} 并计算油层的可动油饱和度（MOS）。
(5) 计算渗透性地层的泥质含量（V_{sh}）。该参数是开展测井数据定量解释的重要依据。因测井曲线的读数普遍受泥质影响，在开展岩性解释前，必须进行泥质含量校正，以消除泥质影响。

8.4 裸眼测井的应用

裸眼测井是获取地下岩层岩石物理参数及孔隙流体信息的不二选择，其应用见下文。

8.4.1 电法测井

自然电位（SP）曲线记录的是有钻井液侵入现象地层的电位差。该电位差由地层内不同导电流体（或电解质）之间的离子扩散引起，因为离子（主要是 Na^+、Cl^-）会从地层水和钻井液（水基钻井液）之间高浓度的一方向低浓度的一方扩散产生。SP 曲线的偏差特征既可用于划分渗透层，也可用于分析流体的属性。

电阻率是材料自身固有的属性，用符号 R 表示，其与电导率（C）互为倒数关系：

$$R = 1/C \tag{8.1}$$

电阻率测井曲线记录的是电流通过时，地层的电阻特性。在地层条件下，若认为油气层和干层是绝缘体，那么地层水就是唯一的导电要素。

现代电阻率测井通常同时采集3~5条探测深度不同的电阻率曲线，所测量的区域大致对应于渗透性地层的冲洗带、过渡带和原状地层三个环带。由于孔隙内的流体不同，这三个环带的地层有着不同的电阻率（图8.5），相应电阻率曲线存在明显的幅度差。其中，深电阻率（即原状地层电阻率）是开展油气定性和定量解释最重要的参数，其值偏高通常指示油气层（图8.8），倘若地层水为淡水则未必，因为淡水和油气层都具有很高的电阻率。根据电测曲线的组合特征还可解释出渗透层和非渗透层及渗透层内流体的类型，如图8.7所示：不同电阻率曲线幅度差大且自然电位曲线负偏，说明5870~5970ft井段为渗透层；ILD曲线指示原状地层电阻率低，说明该渗透层为水（盐水）层；其他井段不同电阻率曲线重叠特征明显，说明为非渗透层，因为这是非渗透层无钻井液侵入现象的典型特征。

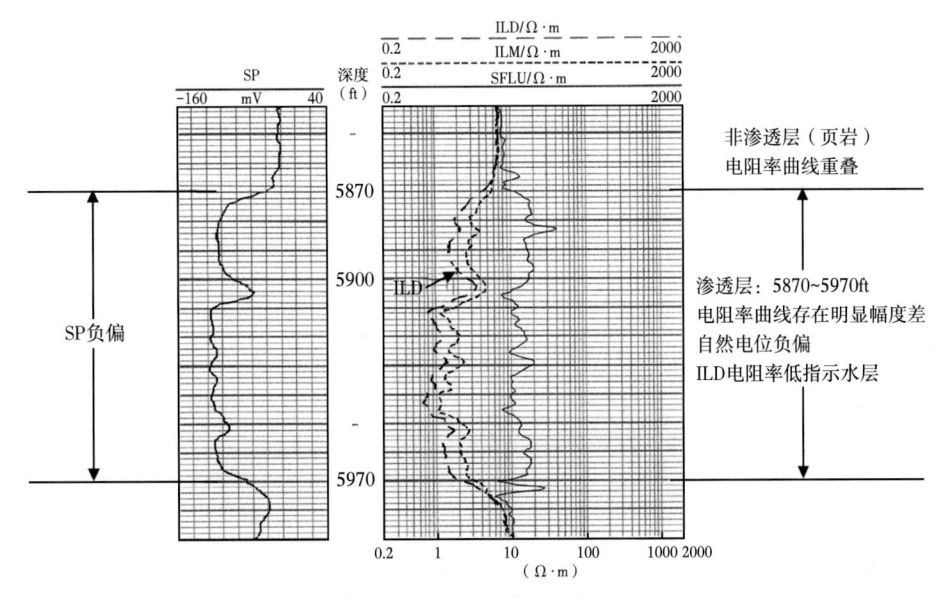

图8.7 根据电测曲线组合特征解释的渗透层和非渗透层（据 Asquith & Krygowski，2004）
SFLU 为未平均球形聚焦电阻率测井

电阻率曲线还可用于判识油水界面和气水界面（图8.9）。

8.4.2 声波测井

声波测井曲线记录的是纵波和横波通过井身周围地层的传播时间。该时间以声波穿越井身周围单位长度（1ft或1m）地层所用的时间Δt（或t）来记录，其单位为微秒。纵波和横波的传播时间分别提供了地层孔隙和岩石物理性质的信息。根据纵波的到达时间，可使用如下公式计算目的层的孔隙度：

$$\phi = (t-t_{ma}) / (t_f-t_{ma}) \tag{8.2}$$

$$\phi = 0.63 \times (1-t_{ma}/t) \tag{8.3}$$

式中：t——声波穿越目的层单位长度（1ft或1m）的时间，μs/ft或μs/m；

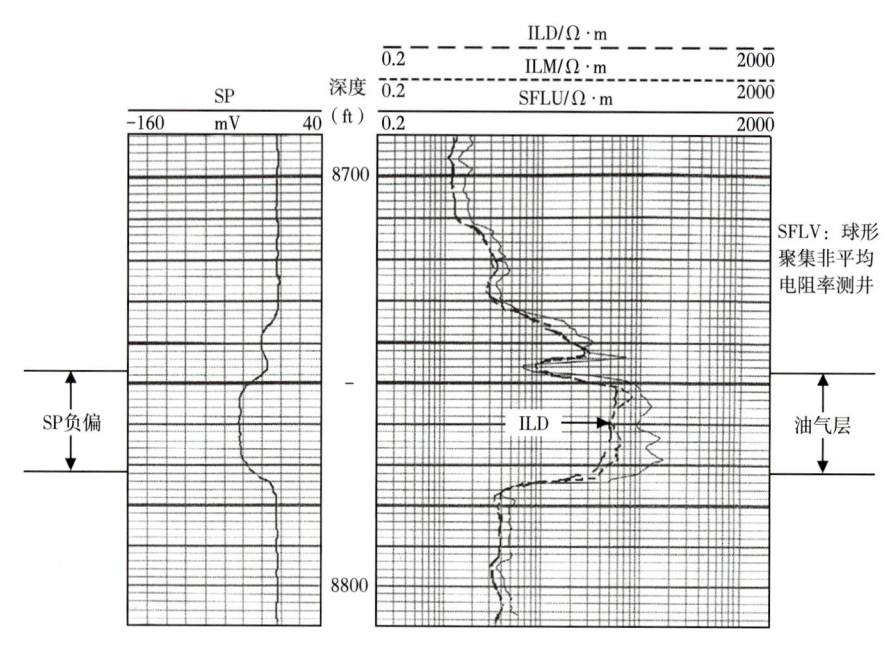

图 8.8 根据电测曲线组合特征解释的油气层（据 Asquith & Krygowski，2004）

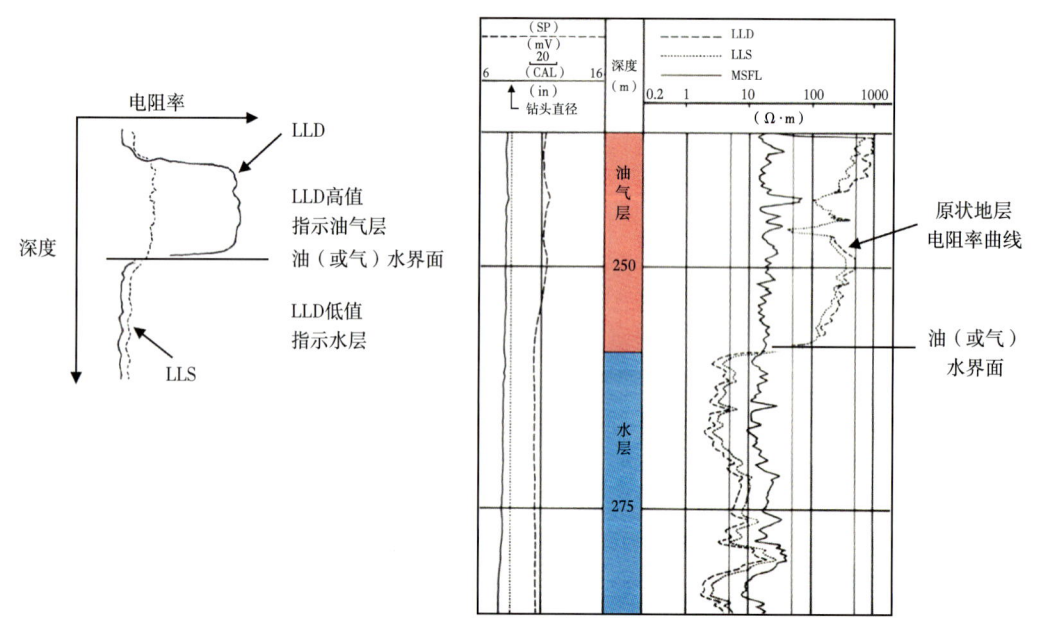

图 8.9 油水界面解释（据斯伦贝谢公司，1979）

t_{ma}——岩石骨架（以砂岩、石灰岩或白云岩最为常见）的声波时差；
t_f——地层孔隙流体的声波时差。
声波时差测井曲线的实例见图 8.10。

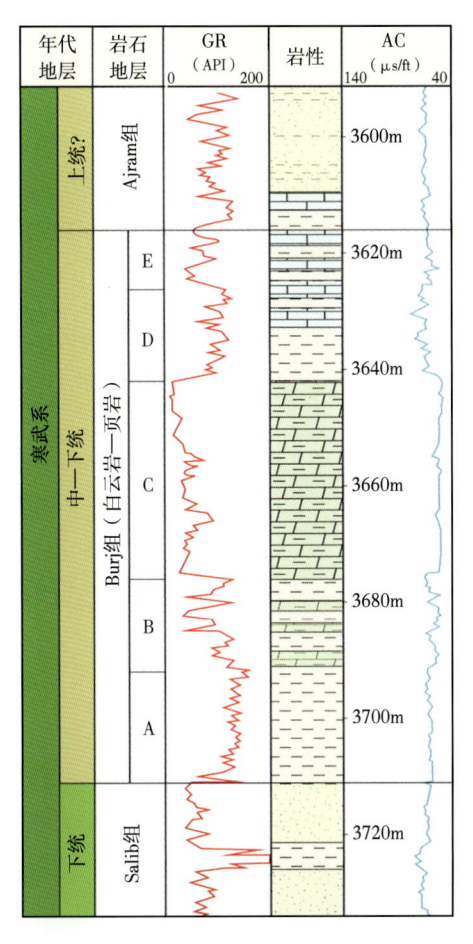

图 8.10 声波时差测井曲线实例（据 Aqrawi 等，2010）

8.4.3 放射性测井

放射性测井可提供岩石的岩性和孔隙度信息，其作业不受钻井液类型限制。伽马曲线（GR）记录的是沉积岩天然的放射性强度，中子和密度测井记录的是人工粒子轰击岩石中原子产生的物理效应。

富集于泥页岩中的钾、钍和铀是伽马辐射的来源。因此，泥页岩的特征是 GR 值高（图 8.10），其他岩石的 GR 值与其泥质含量成正比。据此，可根据 GR 曲线计算沉积物的泥质含量。

储集岩通常具有特定的中子曲线和密度曲线重叠样式，据此可对岩性进行解释：砂岩的中子曲线位于密度曲线的右侧；石灰岩的中子曲线和密度曲线重叠明显，两者没有或几乎没有幅度差；白云岩的中子曲线位于密度曲线的左侧（图 8.11）。在实际应用中，伽马—中子—密度三曲线综合分析是开展岩性解释的最佳方法（图 8.11）。

中子和密度曲线也可用来计算孔隙度。其中，密度曲线记录的是地下岩石的体积密度（ρ_b），以 g/cm³ 为单位。体积密度是很好的孔隙度指标，据其可计算出孔隙度：

$$\phi = (\rho_{ma} - \rho_b) / (\rho_{ma} - \rho_f) \tag{8.4}$$

式中：ρ_b——目的层的体积密度，g/cm³；

ρ_{ma}——岩石骨架（以砂岩、石灰岩或白云岩最为常见）的体积密度；

ρ_f——地层孔隙流体的体积密度。

尽管探测深度都非常有限，通常仅限于冲洗带，但这并不影响依据声波、伽马、中子和密度测井数据来解释岩石的岩石特性，包括岩性和孔隙度，因为从冲洗带至过渡带，再到原状地层，岩石的特性并不发生变化。

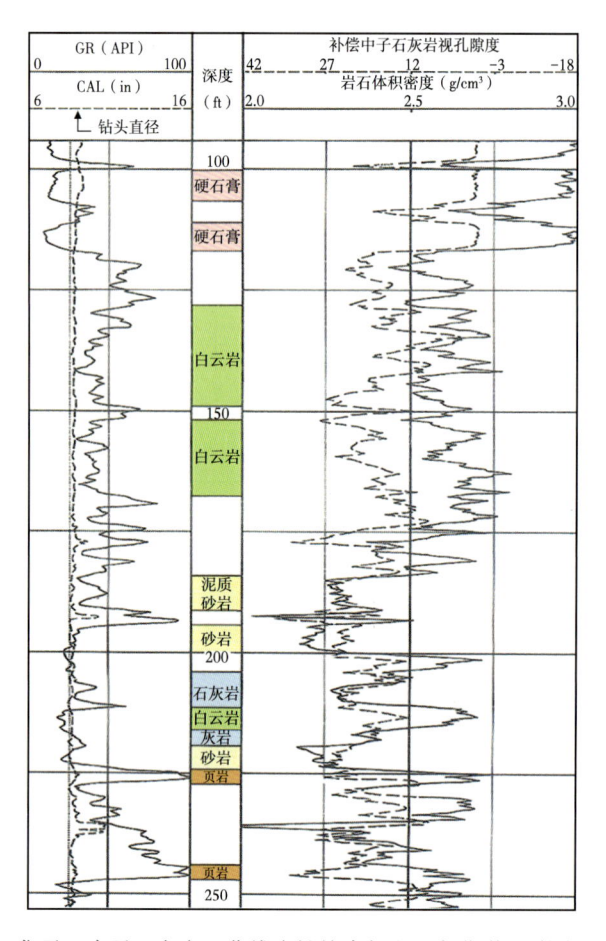

图 8.11　伽马—中子—密度三曲线岩性综合解释（据斯伦贝谢公司，1976）

8.4.4　介电和核磁共振测井

介电测井和核磁共振测井是近年新发展起来的测井系列，其工作原理和数据解释都比较复杂。介电测井测量的是电磁波在井身周围地层中的传播时间。该传播时间受地层的介电常数影响，由于以光速或接近光速传播的电磁波穿越单位长度（1ft 或 1m）的地层仅需几纳秒，其单位通常为 ns/m（1ns = 10^{-9} s）。介电测井主要用于判识水层（包括不同的盐度），从而区分淡水层和含油气层。

核磁共振测井不受岩性限制，却可提供大量的岩石特性和流体信息，如孔隙度、渗透率及流体的类型等，因此其应用非常广泛。核磁共振测井数据特别适用于复杂岩性与高含泥储层的解释，以后者为例，仅根据常规测井数据可能将其解释成非储层。尽管属于核测井，但核磁共振测井仪并不使用放射源。

8.4.5 地层倾角测井

地层倾角测井记录的是井身周围地层在深度方向上连续的倾角和倾斜方位角。地层倾角测井解释成果常用矢量图（也称蝌蚪图）表示（图8.12）。蝌蚪的头部横坐标表示倾角，尾部所指方向为方位角。

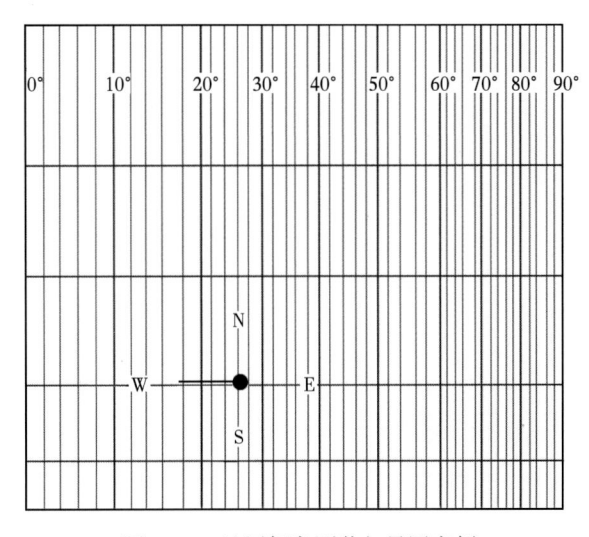

图 8.12 地层倾角测井矢量图实例

地层倾角测井可解读出构造和沉积学信息，前者如不整合面、褶皱和断层，后者如沉积相和沉积环境。地层倾角的基本解释模式可分成绿模式、红模式、蓝模式和白（杂乱）模式（图8.13）四类：

绿模式的特征是，随着深度变化，地层的倾角和倾斜方位角大体保持一致。该模式常见于页岩地层，通常指示沉积期后构造活动形成倾角。

红模式的特征是，随着深度变小，地层的倾斜方位角保持一致，但倾角逐渐变小。该模式一般与褶皱、断层、不整合面、生物礁、河道砂体和沟谷充填物相关。

蓝模式的特征是，随着深度变小，地层倾斜方位角大致保持一致，但倾角逐渐变大。该模式一般与褶皱、断层、不整合面、古流向和深海扇沉积相关。

白（杂乱）模式的特征是，地层的倾角和倾斜方位角在纵向上随机变化。该模式可能反映地层为无连续层理的块状层或滑塌体，也可能反映测井仪发生故障或井筒环境差导致测井仪极板与井壁接触不良。

由于解释模式具有很强的多解性，地层倾角测井数据不能单独解释，必须结合其他常规测井曲线。

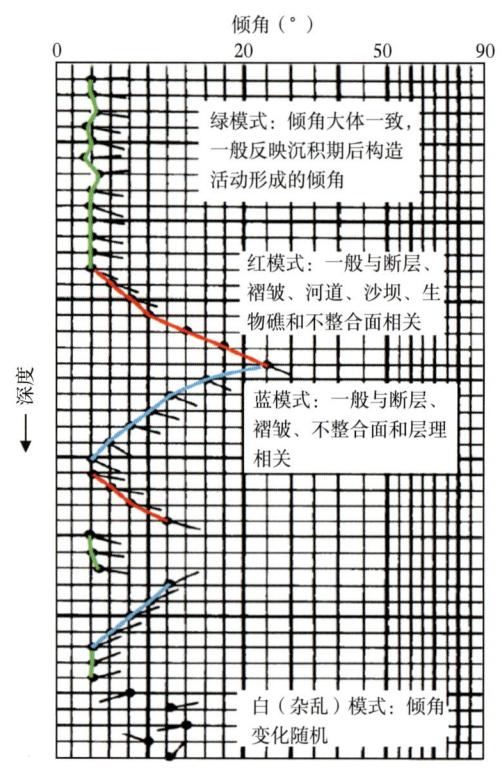

图 8.13　地层倾角解释的彩色模式

8.4.6　成像测井

成像测井测量的是地层的电阻率或声波反射，其成果图像由计算机生成。该图像与岩心照片相似（图 8.14），但采集成本高昂。成像测井不能替代岩心，因为地下岩石的物理性质及其他属性只能通过实验室的岩心分析获取。

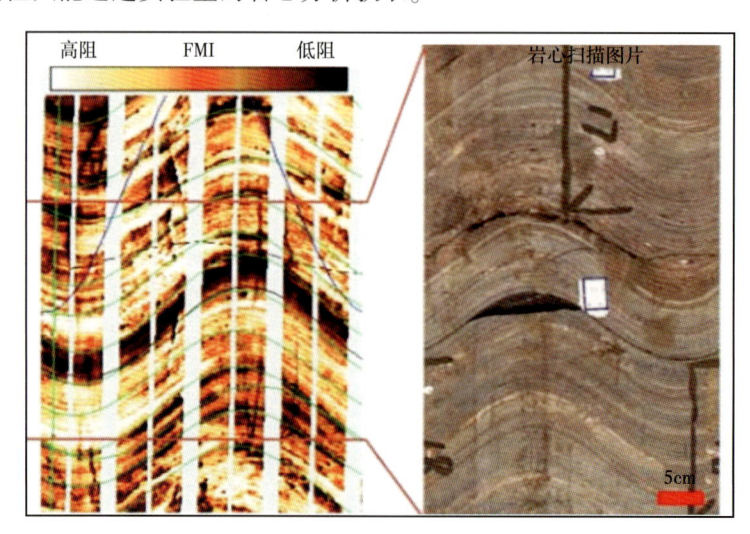

图 8.14　FMI 图像及对应的岩心扫描图像

8.5 裸眼测井应用总结

裸眼测井既可用来判别渗透及非渗透地层，也可用来识别油气层。渗透层和非渗透层各自的测井曲线特征分述如下：

渗透地层的测井曲线特征如下：
(1) 除了泥质渗透层之外，GR 通常为低值；
(2) 钻井液侵入会在井壁上形成泥饼，可通过井径曲线识别；
(3) 不同电阻率曲线存在幅度差；
(4) 自然电位曲线异常（负偏）；
(5) 声波时差、中子和密度三孔隙度测井曲线指示孔隙发育；
(6) 核磁共振（NMR）曲线指示孔隙发育。

非渗透地层的测井曲线特征如下：
(1) 除了蒸发岩之外，GR 通常为高值；
(2) 无钻井液侵入形成的泥饼；
(3) 不同电阻率曲线重叠明显，即相互之间没有或几乎没有幅度差；
(4) 自然电位曲线无异常；
(5) 声波时差、中子和密度三孔隙度测井曲线指示孔隙不发育。

油气层属于渗透地层，其测井曲线的典型特征是深电阻率曲线为高值。

除了用于判别渗透和非渗透地层，裸眼测井还可用于定量求取储量计算的关键参数。测井定量解释最主要的目的是计算含油气层的含水饱和度（S_w）。如前述，将 S_w 代入公式"$S_h = 1 - S_w$"可计算出原状地层的含油气饱和度，故其是计算储罐油地质储量（STOIIP）和天然气地质储量（GIIP）的重要参数：

$$STOIIP = [GRV \times N/G \times \phi(1-S_w)]/B_o \quad (8.5)$$

$$GIIP = [GRV \times N/G \times \phi(1-S_w)]/B_g \quad (8.6)$$

S_w 也可用来计算深电阻率 R_t：

$$R_t = (aR_w)/(\phi^m S_w^n) \quad (8.7)$$

式中：a——反映储层内在属性的岩性系数，其大小取决于地层的岩性和固结程度；
R_w——原状地层地层水的电阻率；
ϕ——孔隙度；
m——孔隙结构指数；
n——饱和度指数。

m 和 n 的默认值通常为 2。

若 m 和 n 的值都取 2，公式 8.7 可整理为：

$$S_w^2 = (aR_w)/(\phi^2 R_t) \quad (8.8)$$

$$S_w = \sqrt{(aR_w)/(\phi^2 R_t)} \quad (8.9)$$

公式 8.9 仅在地层泥质含量（V_{sh}）低于 15%~20% 时有效，反之，据其计算出的 S_w 将高于实际，这是因为泥质含量高会导致 R_t 偏低。将此偏高的 S_w 代入公式 "$S_h=1-S_w$" 将计算出偏低的含油气饱和度，进而导致储量计算值偏低。因此，对于泥质含量高的渗透层，必须使用其他更复杂的公式来消除泥质的影响。

裸眼测井资料的定性和定量解释可借助于计算机处理（含软件）。市面上可供选择的解释软件众多，它们都可用于解释岩性和流体，并对解释成果进行展示。测井曲线的计算机处理和解释实例见图 8.15。

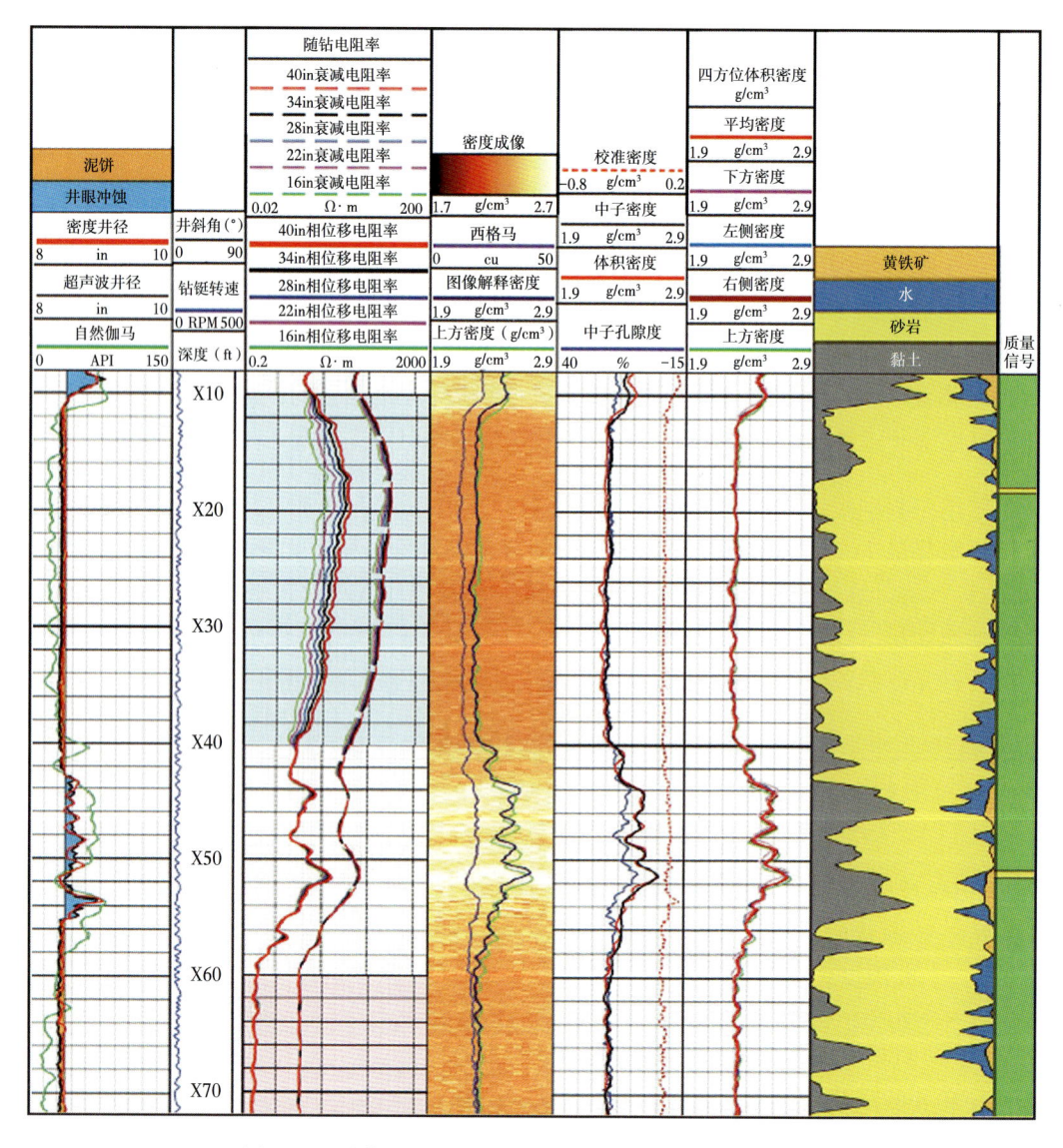

图 8.15 计算机处理的测井解释实例（据斯伦贝谢公司）

注：西格马（Sigma）—宏观热中子俘获截面

参 考 文 献

Aqrawi, A. M. A., Goff, J. C., Horbury, A. D. et al. (2010). The Petroleum Geology of Iraq, Scientific Press, UK.

Asquith, G. and Krygowski, D. (2004). Basic Well Log Analysis, 2nd Edition, AAPG Methods in Exploration Series 16, AAPG, Tulsa, OK.

Rider, M. H. (1996). The Geological Interpretation of Well Logs: 2nd Edition, Gulf Publishing Corp., Houston.

Schlumberger (1976). Well Evaluation Conference, Iran.

Schlumberger (1979). Well Evaluation Conference, Algeria.

Schlumberger (1987). Basic Log Interpretation Seminar, UKI Division.

Schlumberger (2013). Log Interpretation Charts.

名词术语和缩写

A

American Association of Petroleum Geologists（美国石油地质家协会，AAPG）：是世界上首屈一指的石油勘探家协会，成立于1917年，当前拥有40000多名会员。其宗旨是通过发行出版物、召集会议，举办培训班和开展科学研究等来推动石油地质科学发展。

Absolute permeability（绝对渗透率，K_A）：岩石最大的渗透率，由岩石100%饱和单相流体时测得。

Absolute porosity（绝对孔隙度，ϕ_A）：岩石总孔隙体积与岩石总体积的比值。

Absolute time（绝对地质年龄）：以数字记录的地质事件或地质建造年龄。

Accommodation space（可容纳空间）：沉积盆地沉降时产生的可供沉积物堆积的空间。

Accreting plate margin（增生型板块边界）：因持续有地幔岩浆上涌和地壳增生而得名，通常是导致海底扩张的洋脊，也称为建设型或离散型板块边界。

Acoustic impedance（声阻抗）：密度（ρ）和波速（V_p）的乘积，用于计算不同介质界面的反射系数。其符号为 I_a，计算公式为 $I_a = V_p \times \rho$。

Alkanes（烷烃）：通常指饱和的直链烃，分子通式为 C_nH_{2n+2}，式中碳原子都以单键相连。

Alkenes（烯烃）：通常指不饱和的直链烃，分子通式为 C_nH_{2n}，式中至少含有一个碳碳双键。

Alluvial fan（冲积扇）：山脚下坡度平缓的扇形堆积体，由河流卸载沉积形成，主要分布于干旱—半干旱地区。

Anhydrite（硬石膏）：参见蒸发岩。

Anoxic environment（缺氧环境）：底水—沉积物界面含氧量极低的沉积环境，其是烃源岩有机质得以保存的必要条件。

Anticline（背斜）：拱形褶皱，其相背倾斜的两侧地层称为翼部，中部地层称为核部，外部地层称为包络层。其中，核部地层老于包络层。

American Petroleum Institute（美国石油学会，API）：全美石油和天然气工业的行业协会，成立于1919年，旗下拥有600多家会员单位，包括综合能源公司、炼化公司、销售公司、管道运营商和海运公司，以及油服公司。其主要职责是收集、统计和发布美国石油工业数据，并制定或修订石油和石化的设备与运营标准。其业务主要集中在美国境内，但近年国际业务也有很大发展。

API gravity（API度）：美国石油学会制定的原油密度计量单位，用符号"API"表示，其值与密度成反比。

Appraisal well（评价井）：在探井或野猫井发现油气流之后，为确认和评价油气藏而部署的钻井。

Aromatics（芳香烃）：闭环的不饱和烃，分子通式是 C_nH_{2n-6}。

Asthenosphere（软流圈）：岩石圈之下由塑性物质构成的岩石圈层，又称上地幔，厚约200km，板块在其上方漂移。

Atomic number（原子序数）：指定元素原子核内质子（带正电的粒子）的数量。

Atomic weight（原子量）：指定元素原子核内质子数与中子（不带电的粒子）数之和。

Azimuth（方位角）：面状构造的倾斜方位角。该角度是以地理正北为起点（0°），顺时针旋转到岩层倾向线的角度。

B

BCF：天然气体积的一种度量单位，$10^9 ft^3$。

BCM：天然气体积的一种度量单位，$10^9 m^3$。

Bottom hole temperature（井底温度，BHT）：井内可测到的最高温度。

Biochemical rocks（生物化学岩）：通常指生物（如珊瑚和藻）代谢活动形成的碳酸盐岩。

Biofuel（生物能源）：提取自植物的柴油或汽油。

Breccia（角砾岩）：粗粒碎屑岩，由棱角状碎屑颗粒和细粒杂基组成。

C

Calcite（方解石）：石灰岩的主要成分——碳酸钙（$CaCO_3$）。

Cap rock（盖层）：参见 Seal。

Casing（套管）：用水泥固定于油气井内的钢管，其作用是防止未固结地层发生垮塌以保护井壁并阻止非预期流体流入井筒，即使是产层中的油气也只能从套管上的射孔孔眼流入井筒。每层套管均需上延至地表并使用水泥固定。

Chalk（白垩）：一种生物化学成因的碳酸盐岩，完全由细微的颗石藻遗骸组成。

Clastic rocks（碎屑岩）：由先存岩或矿物的风化颗粒固结形成的沉积岩，如砂岩和页岩。因骨架颗粒由水、风或冰等地质营力从物源区搬运至沉积区，其通常为异地沉积。

Closure（闭合度）：圈闭最高点与溢出点之间的垂向距离，其是背斜圈闭的重要参数，直接决定了圈闭的油气柱高度，进而决定圈闭的容积。

Coal bed methane（煤层气，简称CBM）：赋存于煤岩的甲烷（包括成煤作用生成的及吸附的），其开采步骤分为两步：一是向煤层钻井，二是降压解吸。

Combination trap（复合圈闭）：由构造和地层要素组合构成的圈闭。

Compaction（压实作用）：在埋深过程中，沉积物受上覆重力作用而排出孔隙水并发生体积收缩的作用。

Condensate（凝析气）：在油藏条件下为气态，采出后因地表温度、压力下降而逆凝结为液态的油气。

Conglomerate（砾岩）：粗粒碎屑岩，由粒径大于2mm的碎屑颗粒组成，基质为砂和粉砂。

Continental crust（陆壳）：构成陆地和陆架的地壳。

Continental shelf（陆架）：大陆边缘海岸线至200m水深之间的平坦区域，其外海一侧向深海平缓下倾。

Continental slope（陆坡）：陆架与深海盆地之间坡度较大的斜坡。
Contour（等值线）：地表或地下相邻等值控制点的连线。
Conventional resources（常规油气资源）：赋存于储集岩的孔隙中、可通过开发井采出的油气。
Core（岩心）：圆柱状岩石样品，钻井时通常会对储层进行取心。
Correlation（对比）：等效性对比论证，其步骤分两步，一是总结第一口井的特殊特征，二是在第二口井寻找相同的特征。两口井之间特征相同的层段被认为是同期、可对比的。
Crest（脊部）：背斜的最高点。
Critical moment（成藏关键期）：早于或不晚于圈闭形成的油气运移时期。
Crust（地壳）：参见 Lithosphere。
Cycloalkanes（环烷烃）：闭环的饱和烃，分子通式是 C_nH_{2n}。

D

2D seismic survey（2D 地震勘探）：以 2~3km 的网格间距进行区域地震数据采集。
3D seismic survey（3D 地震勘探）：以 20~30m 的网格间距进行地震数据采集。
4D seismic survey（4D 地震勘探）：先后对同一工区开展的两次或两次以上的 3D 地震勘探，第四维指时间。
Daughter element［子核（元素）］：放射性元素衰变生成的元素。
Deep sea trench（海沟）：洋底侧翼陡峭的狭长洼地，其通常也是破坏型板块边界和地震带。
Delineation well（探边井）：为查明油气藏边界并确定油气田面积而部署于油气藏边缘的钻井。
Depocentre（沉积中心）：沉积盆地内沉积厚度始终是最大的区域。
Destructive plate margin（破坏型板块边界）：又称消减带、俯冲带或聚敛型板块边界，增生边缘新生成的地壳在此下沉并消亡于上地幔。
Development well（开发井）：油田发现之后钻达含油气层的井，其在投产后转变成生产井。
Diagenesis（成岩作用）：软沉积物固结形成沉积岩过程中所发生的各种作用。
DHI：直接烃类检测指标。
Dip（倾角）：面状构造的最大倾角（真倾角），通常指岩层面或断层面与水平面之间的最大夹角。
Dolomite（白云石）：白云岩的主要成分——碳酸钙镁 $CaMg(CO_3)_2$。
Dolomitisation（白云石化）：方解石转变成白云石的过程。
Dolostone（白云石）：参见 Dolomite。
Dyke（岩墙）：通常指岩浆侵入围岩所形成的直立或近直立的火成岩岩体，未固结的沉积物也可注入围岩形成岩墙。

E

Earthquake（地震）：地壳中积蓄的应力突然释放所产生的运动或剧烈震动。

Economic basement（经济基底）：沉积盆地内下伏于沉积地层的岩石（基岩），通常是不含油气的火成岩或变质岩。

Effective permeability（有效渗透率）：岩石孔隙含有两种及两种以上流体时测得的某一相流体的渗透率，用符号 K_E 表示，其值随所测流体饱和度的升降而变化。含有两种及两种以上流体后，岩石渗流任何一种流体的能力都将下降，这是地下储层的常态。

Effective porosity（有效孔隙度）：岩石连通孔隙体积与总体积之比，也称为绝对孔隙度，用符号 ϕ_E 表示，其是岩石重要的物理参数，直接决定渗透率。

Energy Institute（英国能源研究所，EI）：由英国石油研究所（IP）和能源研究所（Inste）于 2003 年合并而成，拥有全球会员达 14000 名。其中，石油研究所（IP）由 1914 年成立的石油技术员研究所于 1938 年更名而来，能源研究所（Inste）由 1927 年成立的燃料研究所于 1978 年更名而来。该研究所发行的出版物包括油气年鉴、石油行业黄页、季刊（*Journal of the Energy Institute*）和双月刊（*Petroleum Review and Energy World*），所涉及的主题包括商业新闻、技术进展、国际能源政策、能源的可持续性、安全规范、行业标准、碳交易和气候变化等。此外，该研究所也提供教育和图书馆服务。

Energy Information Administration（美国能源信息署，EIA）：成立于 1977 年的美国能源部下属分支机构，专门负责收集和发布能源统计数据与研究报告。该机构广泛收集各种能源资源及其最终用途信息，据此预测国内和国际短期至长期的能源形势，并通过网站和客户中心向客户和关联方提供能源资讯、数据产品、报告和服务。该机构 2015 年的雇员数量为 370 人，财政预算是 1.17 亿美元。

EOR：提高采收率。

Evaporites（蒸发岩）：直接沉淀自浓缩海水的沉积岩，以岩盐（即石盐，$NaCl$）、钾盐（主要是钾盐，KCl）、硬石膏（$CaSO_4$）和石膏（$CaSO_4 \cdot 2H_2O$）最为常见。

Exploitation well（生产井）：参见 Production well。

Exploration well（探井）：为确定油气藏是否存在而部署的钻井。

F

Facies（沉积相）：古沉积环境的物质记录，具有一组独特的特征，包括岩石的类型（岩性）、颜色、矿物组分和化石组分特征等。

Facies map（沉积相图）：用于展示地层沉积相或岩相在侧向上变化的图件。

Fault（断层）：地层中的裂缝或位错，其两侧岩石发生过相对移动。

Fault plane（断层面）：断层两盘相对错动的破裂面。

Fault throw（断距）：断层两盘地层沿断面错开的垂向距离。

Fauna（化石动物群）：一些沉积岩中残留的各种动物化石。

Field（油气田）：可实现经济开采的常规石油、天然气或凝析油聚集区。

Flora（化石植物群）：一些沉积岩中残留的各种植物化石。

Fluvial（河流的）：河流作用及其形成的沉积物和地貌。

Footwall（下盘）：位于倾斜断层面下方的断盘。

Formation（地层组）：在区域内连片分布，而且岩性特征（矿物、颜色、粒径、结构和构造）有别于上覆和下伏地层的一套岩石地层单元。

Formation volume factor（地层体积系数）：油气在地下的体积与地面标准状态下（储罐油）的体积之比。原油体积系数用符号 B_o 表示，天然气体积系数用符号 B_g 表示。该系数用于将地层条件油气的体积换算成地表标准状态下的体积，计算方法参见 PVT 分析。

Fracking（压裂）：在高压条件下，将水、添加剂和砂粒组成的混合物泵入致密地层并使之形成裂缝的一种增产改造工艺，其可改善油气井的流动条件，从而实现增产。

G

Gas cap expansion drive（气顶气驱）：含气顶油藏的一种生产机制。伴随着原油采出与压力下降，气顶的范围会扩大并将原油从储层推至井底直至井口，同时使油水界面下移。

Gas hydrate（天然气水合物）：一种外观似冰，形成于高压低温条件下的笼形络合物，由甲烷分子被固定在水分子构筑的晶格中形成。

Gas window（生气窗）：一个深度窗口，在时间—温度曲线上对应于干酪根的生气阶段。

Gather（道集）：单点激发、多点接收的射线路径集合。

Geology（地质学）：一门研究岩石和地球演化的科学。

Geophone（地震检波器）：陆上地震勘探中用来接收地震信号的仪器。

GIIP：天然气地质储量。

GOC：油气界面。

GOR（气油比）：采出一桶原油带出的天然气体量（ft^3），因为原油采出至地面后会因压力下降而解析出溶解气。

Graben（地堑）：下沉的槽形断层。

GRV（储层总体积）：含油气面积（acre 或 ha）与储层总厚度平均值的乘积。

GSL（伦敦地质协会）：成立于 1807 年的英国地球科学专业社团，世界上最古老的行业协会，在全球拥有 11500 多名会员。该协会通过出版书籍和期刊，开办图书馆，提供信息服务，举办前沿的科学会议，开展教学，提供本科生和研究生学位课程教育等来推动地球科学发展。

GWC：气水界面。

Gypsum（石膏）：参见 evaperite。

H

Half graben（半地堑）：掀斜的地堑。

Half-life（半衰期）：放射性元素的原子核达半数发生衰变所需要的时间。

Hanging wall（断层上盘）：位于倾斜断层面上方的断盘。

Horst（地垒）：上升的断块。

Hydrocarbons（油气）：碳氢化合物，与"石油"为同义词。

Hydrocarbons in place（油气原地量）：未投产油气田中赋存的石油和天然气总量，也称为地质储量或总原地资源量。

Hydrophone（水听器）：海上地震勘探中使用的检波器。

I

International Energy Agency（国际能源署，IEA）：石油和天然气消费国于 1974 年成立的政府间组织，当前拥有 29 个成员国。其职责是监测能源市场供需，定期发布能源统计数据和分析报告，并据此协调成员国的能源政策，从而确保成员国和全球在能源合作方面实现互信、公平和可持续发展。

Igneous rocks（火成岩）：地球内部的岩浆或熔融物质上涌凝固形成的一类岩石，它是沉积岩和变质岩的母岩。

Injection well（注入井）：用来向储层注入流体，以达到增加地层压力和驱替油气目的的井。

Inner core（内地核）：地球的核心部分，由固态的铁镍组成，呈球形，半径约 1220km。

Integrated oil company（综合性能源公司）：活跃于油气行业上游（勘探、油田开发和生产）、中游（运输，包括油轮和管道）和下游（炼化、市场营销、分销和销售）的石油公司。

IOC：国际石油公司。

IOR：提高采收率，与 EOR 为同义词。

Isolith map（岩相等值线图）：用来描述特定类型岩石净厚度侧向变化的图件。

Isopach map（厚度等值线图）：用来描述目的层厚度侧向变化的图件。

Isopermeability map（渗透率等值线图）：用于展示储层平均渗透率侧向变化的图件。

Isoporosity map（孔隙度等值线图）：用来展示储层平均孔隙度侧向变化的图件。

Isotope（同位素）：同一元素的不同原子，其具有相同的原子序数，但相对原子质量不同。

K

Kerogen（干酪根）：沉积岩中不溶于有机溶剂的有机质，热解后生成油气。

Kitchen（生烃灶）：通常是盆地的中心区域，因埋深最大，经历的地温最高，该处的烃源岩通常可达成熟阶段并生成油气。

L

Law of Superposition（地层层序律）：在未发生倒转的正常沉积序列中，最老的地层位于最下部，最年轻的地层位于最上部。

Lead（圈闭）：根据区域地质研究和 2D 地震解释成果筛选出的潜在钻探对象，其在实施钻探前通常还需要开展进一步的评价工作。

Limestone（石灰岩）：由方解石（$CaCO_3$）组成的碳酸盐岩。

Lithology（岩性）：岩石的类型，通过矿物组分和自然属性区分。

Lithosphere（岩石圈）：地球外部脆性的圈层，通常称为地壳。尽管厚度仅占地球半径的 0.6%，但其中蕴藏着人类所需的全部矿产和化石能源。根据所处位置，可将其分为陆壳和洋壳，前者密度小，厚度可达 40km；后者密度更大，厚度仅约 10km。

LNG：液化天然气（甲烷）。

Log（测井曲线）：井身深度方向上，地层不同属性参数的连续记录。
LPG：液化石油气（丙烷或丁烷）。
LWD：随钻测井。

M

Magma（岩浆）：形成于地下岩浆房的熔融物质，既可以涌出地表形成喷出岩，也可以在岩石圈内冷却形成侵入岩。

Mantle（地幔）：地壳的中部圈层，位于地壳之下、地核之上，厚约2900km，主要由基性和超基性岩组成。

Maturity（成熟阶段）：烃源岩的一个热演化阶段，干酪根进入该阶段后开始大量生烃。

Member（地层段）：地层的细分单元，其分布范围仅限于局部，仅用于描述地层在局部的岩性。

Metamorphic rocks（变质岩）：先存岩在一定的温压作用下变质形成的岩石类型。变质作用仅限于固态岩石，变质过程中岩石既不发生熔化，也不发生物态变化。

Mid-ocean ridge（洋中脊）：沿世界各大洋底部延伸的海底山脉系列。

Migration（运移或偏移）：（a）地下油气的运移（参见 primary migration 和 secondary migration）；（b）将水平叠加剖面上偏离的反射层恢复至真实位置的工作称为偏移。

Monocline（单斜）：形态简单的阶梯状扭曲褶皱。沿阶梯下降方向，单斜中的水平岩层或多或少有一定倾斜，但很快又恢复为水平状。

Mudstone（泥岩）：由粉砂和黏土颗粒（粒径<1/16mm）组成的细粒碎屑岩，其成分与页岩相似，但不发育纹层，通常呈块状。

MWD：随钻测量。

N

NMO（正常时差）：地震数据处理中的术语。
Normal fault（正断层）：上盘相对于下盘向下移动的断层，由拉张作用形成。
N/G：净毛比。

O

Oceanic crust（洋壳）：位于海底的地壳。
Offset（偏移距）：地震测线上，炮点离最近一个检波器的距离。
OIIP：原油地质储量。
Oil shale（油页岩）：未成熟的烃源岩，属细粒沉积岩，加热可生成石油。
Oil sand（油砂）：严重侵染高黏性沥青的砂泥沉积物，也称为沥青砂。
Oil window（生油窗）：一个深度窗口，在时间—温度曲线上对应于干酪根的生油阶段。
Olefins（烯烃）：参见 alkenes。
Outer core（外地核）：位于内地核和地幔之间的一个地壳圈层，厚约2300km，由液态的铁和镍组成。

OWC：油水界面。

P

Parent element［母核（元素）］：发生衰变的放射性元素。

Pay（产层）：油气井内的含油气层。

Permeability（渗透率）：度量岩石渗流流体能力的一个复杂单位，用符号 K 表示，其大小取决于孔隙的连通程度（即有效孔隙度）。

Petroleum Exploration Society of Great Britain（英国石油勘探协会，PESGB）：成立于 1964 年的英国石油行业协会，拥有 4800 多名会员（含单位和个人），其宗旨是通过出版杂志和期刊，组织讲座、研讨会和会议等来推动石油勘探科技教育事业的发展。

Petroleum events chart（成藏事件图）：用来描述成藏事件的 2D 图件，内含按时间排列的成藏要素及油气生成和运移时间。

Plate tectonics（板块构造学）：一种现代地质学理论，认为岩石圈可划分成若干个大小不等、内部为刚性的块体（或板块），板块之间彼此连续运动。其论述最早见于 1967—1968 年的地球科学文献。

Play（区带）：特定区域内，具有相同地质和工程特征的一组油气田或勘探目标。其中，地质特征包括烃源岩、储层、盖层、圈闭、成藏期、油气运移和保存条件，工程特征包括产层内油气的物理属性及流体的渗流力学特性。

PFA（有利勘探区带评价）：区域或盆地级别的勘探风险评价。

Porosity（孔隙度）：孔隙体积与岩石总体积的比值，用符号 ϕ 表示，其是岩石储集能力的度量单位，以百分数计。

Possible reserves（可能储量）：根据现有资料解释认为，概算面积之外的区域或产层预期可采出的油气总量。

Primary migration（初次运移）：新生成的烃类从烃源岩中排出的过程。

Principle of original horizontality（地层原始水平率）：接受沉积物沉积的地表通常大致呈水平状，如泛滥平原、湖底或海底等。沉积于陡坡的沉积物一般无法形成沉积层，因为其在固结成岩之前会滑移至坡脚，故褶皱和倾斜的地层通常表明沉积层形成之后发生过变形。

Probable reserves（概算储量）：预期可从已知油气田边界（探明区块）之外或之下采出的油气。

Production mechanism（生产机制）：又称驱动机制，指油气在天然能量的驱动下从储层进入生产井的过程。

Production well（生产井）：专门为油气开采而部署的钻井。

Prospect（目标）：基于详细的评价和 3D 地震解释资料落实的钻探目标。

Prospect map（远景目标评价图）：有利圈闭（或目标）预测图，通常会标注生烃中心和圈闭的分布位置。

Proved reserves（证实储量）：通过现有钻井可从已知油气田边界（探明区块）内采出的油气。

PVT：压力—体积—温度状态方程，用于实验室计算油气的体积系数。

P-wave（P 波）：纵波。

R

Recovery factor（采收率）：油气地质储量中可采出的部分，用符号 R 表示，以百分数计。
Regression（海退）：海平面相对下降，通常会导致海岸线向海洋方向退却。
Relative time（相对地质年代）：一个地质建造（或事件）相对于另一个的形成时间。
Reserves（储量）：在目前的技术条件下，资源总量中可供商业开采的数量。
Reservoir rock（储集岩）：常规油气的储集岩通常是渗透性岩石，其通常与烃岩源相连，内部储存着可供开采的油气。
Resource（资源）：泛指所有富集的商业原料矿产，包括各种固体矿产和石油。
Reverse fault（逆断层）：上盘相对于下盘向上移动的断层，由挤压作用形成。
Risk analysis（风险分析）：评估油气勘探存在的风险。
Rock salt（岩盐）：参见 evaporite。

S

Salt dome（盐丘）：盐底辟的同义词，特指盐物质上涌刺入上覆地层形成的丘状盐体。
Salt pillow（盐枕）：由盐物质聚集形成的枕状盐体，是未刺穿上覆地层的盐丘。
Sandstone（砂岩）：由砂粒（粒径介于 1/16～2mm 之间）固结形成的沉积岩，是最常见的碎屑岩。
Seal（盖层）：位于储层的上方或侧翼，对油气的进一步运移（向上或侧向）起遮挡作用的非渗透地层，如蒸发岩和页岩。
Secondary migration（二次运移）：油气在储层内部的运移，可形成油气藏。
Sedimentary basin（沉积盆地）：地壳中的坳陷，通常含有巨厚的沉积岩。
Sedimentary environment（沉积环境）：正在接受沉积物沉积的一片区域，通常具有独特的物理和化学特征。
Sedimentary rocks（沉积岩）：包括由先存岩颗粒（或碎片）经胶结或固结形成的岩石，由水体直接沉淀形成的岩石，以及由动物和植物的代谢活动形成的岩石。
Seismic stratigraphy（地震地层学）：利用地震反射的强度、特征和叠置样式来研究岩石物理性质及沉积环境的一门地层学分支学科。
Sequence stratigraphy（层序地层学）：研究地层内层序的一门地层学分支学科，其目的是建立基于海平面变化的沉积模式。其中，层序是一套相对整一、成因上有联系、以区域不整面为界的地层。
Shale（页岩）：由粉砂和黏土颗粒（粒径<1/16mm）组成的纹层状细粒碎屑岩。
Shale gas（页岩气）：又称致密气，是以水平钻井和水力压裂工艺从页岩中采出的天然气。
Shale oil（页岩油）：又称致密油，是以水平钻井和水力压裂工艺从页岩中采出的原油。
Sill（岩床）：岩浆顺着围岩层面侵入而形成的板状火成岩岩体。
Siltstone（粉砂岩）：由粉砂级颗粒（粒径介于 1/256～1/16mm 之间）构成的细粒沉积岩。

Solution gas drive（溶解气驱）：一种驱动机制，当油藏压力因原油采出而下降至低于饱和压力后，解析自油层的溶解气会发生膨胀并将原油从孔隙推至井底直至井口。

Source rock（烃源岩）：在自然条件下已经为商业油气藏的形成生成、排出了充足油气的细粒沉积岩，其有机质含量通常应不低于岩石总重量的2%，其原始沉积物通常是沉积于低能、缺氧环境的黏土或富有机质的泥晶碳酸盐岩。

SPE（美国石油工程师协会）：美国石油行业协会成立于1957年，拥有全球会员达143000名，其宗旨是通过出版期刊、组织会议、研讨会、论坛和培训班，以及鼓励研究等来推动油气勘探、开发和生产相关技术的进步。

Spill point（溢出点）：圈闭能够保存油气的最低点。一旦油气充注至溢出点，圈闭即被充满，后续更多运移至该圈闭的油气将溢出并继续运移，直至进入运移途径中的下一个圈闭。

Stacking（叠加）：为提高地震记录质量，将不同接收器接收到的、来自地下同一反射点的、不同激发点的信号进行叠加的工作。

Step-out well（探边井）：参见 *delineation well*。

STOIIP：储罐油地质储量。

Stratigraphic trap（地层圈闭）：由储层侧向变化（如相变）形成的圈闭。

Stratigraphy（地层学）：一门重要的地质学分支学科，主要研究层状地层的年龄并对其进行描述。

Strike（走向）：倾斜岩层面或断层面在水平面中的延伸方向，其与倾向相互垂直。

Strike-slip fault（走滑断层）：以侧向移动为主的断块，也称为平移断层。

Structural geology（构造地质学）：研究岩石变形的一门地质学分支学科。其中，岩石的变形包括掀斜、上拱，以及各种尺度的错断和冲断。

Structural trap（构造圈闭）：由断层或储层发生构造变形形成的圈闭。其中，断层圈闭一盘的渗透层必须在侧向上被另一盘的非渗透层所封堵。

Structure contour map（构造等高线图）：以某一平面（通常是海平面）为基准的高程等值线图，用于展示目标层面（通常是不同岩石地层单元的界面）的空间形态变化。

Subduction（俯冲）：一个岩石圈板块下沉潜伏到另一个岩石圈板块之下的过程，参见 *destructive plate margin*。

Subsidence（沉降）：长期的（数千万年）盆地基底下沉，通常形成可容纳空间，可促进沉积作用。

S-wave（S波）：横波。

Syncline（向斜）：两翼相向倾斜的褶皱，其核部地层新于包络层。

T

TCF：一种度量天然气体积的单位，$10^{12} ft^3$。

TCM：一种度量天然气体积的单位，$10^{12} m^3$。

Tectonics（大地构造）：大尺度的地壳变形作用，常形成褶皱、断层、逆冲推覆构造和造山带。

Thrust（逆冲推覆构造）：特指低角度大位移逆断层。

TOC：总有机碳。

Tight gas（致密气）：赋存于低渗透地层中的天然气，一些学者将其等同于页岩气。

Tight oil（致密油）：赋存于低渗透地层中的轻质原油，一些学者将其等同于页岩油。

Tilted fault block（掀斜断块）：发生翘倾的地垒。

Transcurrent fault（平移断层）：参见 strike-slip fault。

Transform fault plate margin（转换型板块边界）：既无板块增生也无板块消减，相邻板块仅做剪切错动的板块边界。

Transgression（海侵）：海平面相对上升，通常会导致海洋向陆地一侧推进。

Traps（圈闭）：处于特殊状态的储层，该状态下油气停止在储层内继续运移并聚集其中。形成早于油气运移的圈闭才是有效圈闭。

TWT：地震双程旅行时间。

U

Unconformity（不整合面）：新老地层之间截然的界面，相应地史时期既可能未发生沉积作用，也可能以侵蚀作用为主。上下地层倾角差异明显的不整合面称为角度不整合面。

Unconventional resources（非常规资源）：赋存于非孔渗性储集层之中，无法使用传统的钻井和开发技术进行商业开采的油气。

Undiscovered resources（未发现的原地资源量）：一个地区预期可发现的油气数量。

Uniformitarian principle［均变论（渐变论）］：现在是了解过去的钥匙（将今论古）。地球的现在与地史时期相同，两者有着相似的地质作用过程及产物。

USGS（美国地质调查局）：成立于1879年的美国内政部下属科学研究机构，拥有世界上最大的地球科学图书馆及8760名员工。这是一家没有监管责任的调查研究机构，其业务领域涉及生物学、地理学、地质学和水文学，发行的出版物包括一份期刊，详细的美国地理、地质、地球物理、水文和化石能源（煤、石油和天然气）调查图件，以及定期发布的全球待发现油气资源报告。

V

v_p：纵波的波速。

v_s：横波的波速。

W

Water drive（水驱）：油气采出过程中，以油气柱下方水层的上移作为驱动方式的生产机制。上移的地层水会占据原先由原油充注的孔隙，并将原油从储层推至井底直至井口。该过程伴随着油水界面上移。

Wildcat well（野猫井，即预探井）：参见 Exploration well。

国外油气勘探开发新进展丛书（一）

书号：3592
定价：56.00元

书号：3663
定价：120.00元

书号：3700
定价：110.00元

书号：3718
定价：145.00元

书号：3722
定价：90.00元

国外油气勘探开发新进展丛书（二）

书号：4217
定价：96.00元

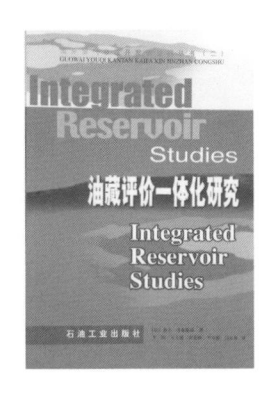

书号：4226
定价：60.00元

书号：4352
定价：32.00元

书号：4334
定价：115.00元

书号：4297
定价：28.00元

国外油气勘探开发新进展丛书（三）

书号：4539
定价：120.00元

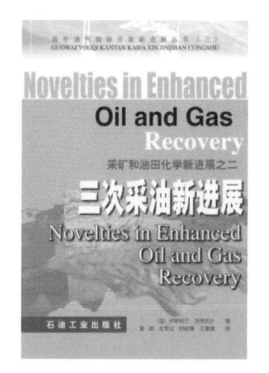

书号：4725
定价：88.00元

书号：4707
定价：60.00元

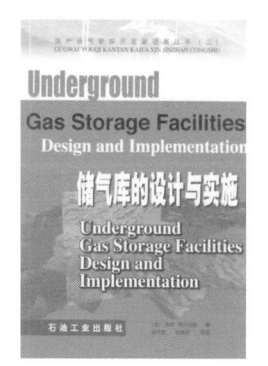

书号：4681
定价：48.00元

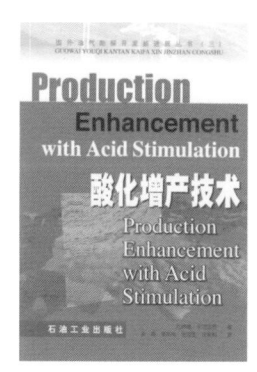

书号：4689
定价：50.00元

书号：4764
定价：78.00元

国外油气勘探开发新进展丛书（四）

书号：5554
定价：78.00元

书号：5429
定价：35.00元

书号：5599
定价：98.00元

书号：5702
定价：120.00元

书号：5676
定价：48.00元

书号：5750
定价：68.00元

国外油气勘探开发新进展丛书（五）

书号：6449
定价：52.00元

书号：5929
定价：70.00元

书号：6471
定价：128.00元

书号：6402
定价：96.00元

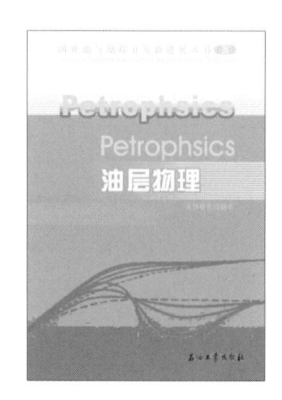

书号：6309
定价：185.00元

书号：6718
定价：150.00元

国外油气勘探开发新进展丛书（六）

书号：7055
定价：290.00元

书号：7000
定价：50.00元

书号：7035
定价：32.00元

书号：7075
定价：128.00元

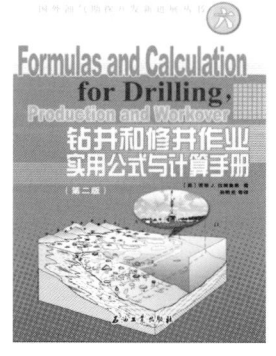

书号：6966
定价：42.00元

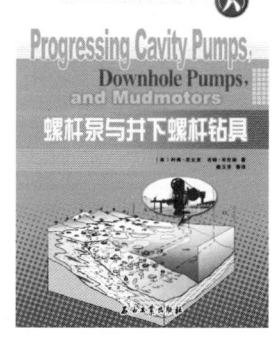

书号：6967
定价：32.00元

国外油气勘探开发新进展丛书（七）

书号：7533
定价：65.00元

书号：7802
定价：110.00元

书号：7555
定价：60.00元

书号：7290
定价：98.00元

书号：7088
定价：120.00元

书号：7690
定价：93.00元

国外油气勘探开发新进展丛书（八）

书号：7446
定价：38.00元

书号：8065
定价：98.00元

书号：8356
定价：98.00元

书号：8092
定价：38.00元

书号：8804
定价：38.00元

书号：9483
定价：140.00元

国外油气勘探开发新进展丛书（九）

书号：8351
定价：68.00元

书号：8782
定价：180.00元

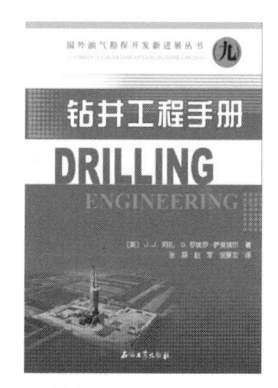

书号：8336
定价：80.00元

书号：8899
定价：150.00元

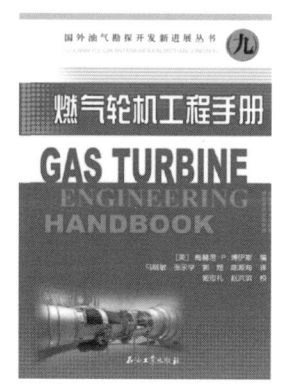

书号：9013
定价：160.00元

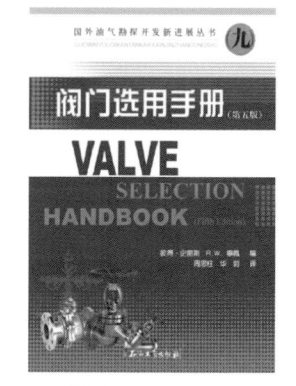

书号：7634
定价：65.00元

国外油气勘探开发新进展丛书（十）

书号：9009
定价：110.00元

书号：9989
定价：110.00元

书号：9574
定价：80.00元

书号：9024
定价：96.00元

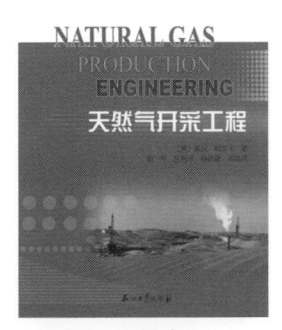

书号：9322
定价：96.00元

书号：9576
定价：96.00元

国外油气勘探开发新进展丛书（十一）

书号：0042
定价：120.00元

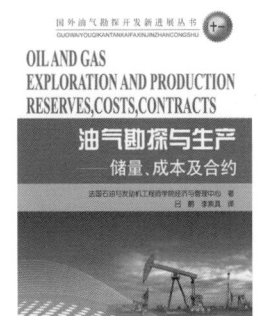

书号：9943
定价：75.00元

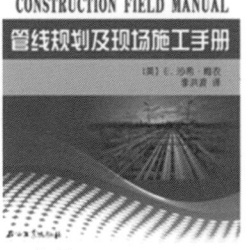

书号：0732
定价：75.00元

书号：0916
定价：80.00元

书号：0867
定价：65.00元

书号：0732
定价：75.00元

国外油气勘探开发新进展丛书（十二）

书号：0661
定价：80.00元

书号：0870
定价：116.00元

书号：0851
定价：120.00元

书号：1172
定价：120.00元

书号：0958
定价：66.00元

书号：1529
定价：66.00元

石油地质概论 195

国外油气勘探开发新进展丛书（十三）

书号：1046
定价：158.00元

书号：1167
定价：165.00元

书号：1645
定价：70.00元

书号：1259
定价：60.00元

书号：1875
定价：158.00元

书号：1477
定价：256.00元

国外油气勘探开发新进展丛书（十四）

书号：1456
定价：128.00元

书号：1855
定价：60.00元

书号：1874
定价：280.00元

PIPELINE INTEGRITY HANDBOOK
RISK MANAGEMENT AND EVALUATION
管道完整性手册
——风险管理与评估

书号：2857
定价：80.00元

ECONOMICS OF UNCONVENTIONAL SHALE GAS DEVELOPMENT
非常规页岩气有效开发

书号：2362
定价：76.00元

国外油气勘探开发新进展丛书（十五）

GIANT HYDROCARBON RESERVOIRS OF THE WORLD: FROM RORCS TO RESERVOIR CHARACTERIZATION AND MODELING
世界巨型油气藏：储层表征与建模

书号：3053
定价：260.00元

MICROBIAL CARBONATES IN SPACE AND TIME: IMPLICATIONS FOR GLOBAL EXPLORATION AND PRODUCTION
微生物碳酸盐岩：对全球油气勘探与开发的意义

书号：3682
定价：180.00元

GEOLOGY AND HYDROCARBON POTENTIAL OF NEOPROTEROZOIC-CAMBRIAN BASINS IN ASIA
亚洲新元古界—寒武系盆地地质学与油气勘探潜力

书号：2216
定价：180.00元

LACUSTRINE SANDSTONE RESERVOIRS AND HYDROCARBON SYSTEMS
湖相砂岩储层与含油气系统

书号：3052
定价：260.00元

SEDIMENT PROVENANCE STUDIES IN HYDROCARBON EXPLORATION AND PRODUCTION
油气勘探开发中的沉积物源研究

书号：2703
定价：280.00元

SALT TECTONICS, SEDIMENTS AND PROSPECTIVITY
盐构造与沉积和含油气远景

书号：2419
定价：300.00元

国外油气勘探开发新进展丛书（十六）

书号：2274
定价：68.00元

书号：2428
定价：168.00元

书号：1979
定价：65.00元

书号：3450
定价：280.00元

书号：3384
定价：168.00元

国外油气勘探开发新进展丛书（十七）

书号：2862
定价：160.00元

书号：3081
定价：86.00元

书号：3514
定价：96.00元

书号：3512
定价：298.00元

书号：3980
定价：220.00元

国外油气勘探开发新进展丛书（十八）

书号：3702
定价：75.00元

书号：3734
定价：200.00元

书号：3693
定价：48.00元

书号：3513
定价：278.00元

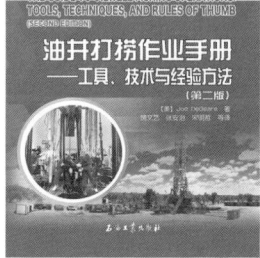

书号：3772
定价：80.00元

国外油气勘探开发新进展丛书（十九）

钻井液和完井液的组分与性能
书号：3834
定价：200.00元

水力压裂——石油工程领域新趋势和新技术
书号：3991
定价：180.00元

水基钻井液、完井液及修井液技术与处理剂
书号：3988
定价：96.00元

天然裂缝性储层地质分析（第二版）
书号：3979
定价：120.00元

国外油气勘探开发新进展丛书（二十）

石油地质概论
书号：4071
定价：160.00元